村庄污水处理案例集（续一）

赵 晖 等编著

中国建筑工业出版社

图书在版编目(CIP)数据

村庄污水处理案例集(续一)/赵晖等编著. —北京:中国建筑
工业出版社,2012.9
ISBN 978-7-112-14560-7

Ⅰ.①村… Ⅱ.①赵… Ⅲ.①农村-污水处理-案例-中国
Ⅳ.①X703

中国版本图书馆 CIP 数据核字(2012)第 183620 号

村庄污水处理案例集(续一)

赵 晖 等编著

*

中国建筑工业出版社出版、发行(北京西郊百万庄)
各地新华书店、建筑书店经销
北 京 天 成 排 版 公 司 制 版
北京世知印务有限公司印刷

*

开本:850×1168毫米 1/32 印张:3⅜ 字数:96千字
2012年11月第一版 2012年11月第一次印刷
定价:**12.00**元
ISBN 978-7-112-14560-7
(22637)

我国农村人口居住分散，散户、联户及自然村占很大比例，受自然条件限制，适合采用分散型就地处理。近年来，农村开始开展污水治理工作，大量不同的技术、工艺和设备在全国范围内应用，如何结合农村技术经济条件，选择适合的污水处理技术和运行管理模式，已成为农村水污染控制亟待解决的问题。2011 年 7 月至 12 月，在《村庄污水处理案例集》的出版广受读者欢迎的基础上，由住房和城乡建设部村镇司组织了此次案例征集工作。通过专家评审、调研，遴选出近年来我国应用于不同类型村庄生活污水处理的成功案例，汇编为《村庄污水处理案例集(续一)》。

*　　　*　　　*

责任编辑：马　红
责任设计：张　虹
责任校对：姜小莲　关　健

编委会

前　言

我国农村人口居住分散，散户、联户及自然村占很大比例，受自然条件限制，污水适合采用分散型就地处理。近年来，农村开始开展污水治理的工作，大量不同的技术、工艺和设备在全国范围内应用，如何结合农村技术经济条件，选择适合的污水处理技术和运行管理模式，已成为农村水污染控制亟待解决的问题。

2009年，住房和城乡建设部农村污水处理技术北方研究中心在全国广泛征集的基础上，由专家评审出25项工程案例集结出版了《村庄污水处理技术案例集》，以期为我国农村生活污水的治理提供参考。近2年来，由于农村污水的污染状况得到地方政府越来越多的重视，因此在第一集组编工作的基础上，由住房和城乡建设部村镇司组织了本次案例征集工作。通过专家评审、调研，遴选出近年来我国应用于不同类型村庄生活污水处理的成功案例，汇编为《村庄污水处理案例集（续一）》。

本次征集从2011年7月至12月，共征集了38个单位上报的32项工程案例。征集要求案例适用于散户、联户及自然村（也称单户、多户及自然村）；有关技术或成套设备已有工程应用，稳定运行1年以上，有较为完备的运行数据；且技术经济，高效低耗；运行维护简便，适用村庄污水处理实际情况。为了明确村庄分散式污水处理现状和存在问题，本次案例征集工作增加了现场考察环节。

本次评选经专家评审共推荐19项工程案例。从技术路线评价角度，这些案例针对不同农村地区，具有较好的应用前景。通过与2009年的调研比较，本次调研中企业参与度有较大提高。在农村污水处理领域，越来越多专业公司的进入对形成我国农村污水处理技术支撑体系、推进农村污水治理行业的良性发展具有良好的促进作用。本次申报的技术中，多数为处理规模小于 500t/d(占 88%)的分散型污水处理工艺及设施，其中在 0～50t/d 的处理规模中以生物膜为主要工艺的技术占 75%(在 50～100t/d，100～200t/d 及 200～500t/d 的处理规模中分别占 50%，57%和 67%)。但是，现场考察发现，目前农村污水处理技术合理应用的关键在于运行管理，而目前的农村污水处理设施普遍运行管理水平较低，与投资建设费用相比较，没有起到良好的环境改善效果。

主要问题如下：

1. 运行维护管理明显不足

本次案例征集中发现，目前我国农村污水处理设施主要有三种运行管理模式：1)建设单位负责运行维护；2)专业运营公司负责运营管理；3)村委会负责运行管理。运行管理费用主要出自当地政府或村委会。在实际运行中发现，由于缺乏专业指导，由村委会负责运行的污水处理设施多处于不正常运行的状态，而由建设单位及专业运行公司负责的污水处理设施也存在未按设计标准运行，出水水质不达标等问题。因此，加强农村污水处理设施运行管理是目前迫切需要解决的问题。

此外，由于运行经费不足等原因大部分建成设施未按设计要求进行运行维护。因此，在积极推广农村污水处理技术应用的同时，应建立农村污水处理设施运行资金保障机制，加强运行维护管理的培训与交流，特别是对于运行管理人员的上岗培训，以保证农村污水处理事业的顺利发展。

2. 配套基础设施不能满足处理设施的要求

对于农村污水处理设施的维护应重视管网建设，保证设施运行的进水水量。由于管网建设落后并且建成管网收集率不高，使得一部分设施建成后无正常进水，无法按设计要求正常运行。

因此，有必要制定农村污水收集管网的设计、施工及运行管理规程，以保证设施的正常运行。

3. 监管措施不到位

农村污水处理设施一般只是在建成验收时进行进出水质的测

定，由于监管不力，一些设施建成后基本无正常运行，只是在检查时开启。农村处理设施日常维护非常重要，因此，应尽快制定针对农村污水处理设施的有效监管政策，其中，进出水指标是运行管理的重要依据，应根据不同排水去向，制定相应的出水水质指标及简便快速的测定方法，以利于农村污水处理设施的监管。

4. 农村污水设施污泥的处理和处置问题

随着农村污水处理设施逐步完善，特别是随着经济发展，生物处理工艺大量应用，目前，农村污水处理设施产生的剩余污泥及其处置问题已提上日程。应加快研发适合农村的分散型污泥处理处置方法与技术政策，避免城市污水处理厂污泥处置问题在农村污水处理中出现。

本次征集的案例还不能完全包括目前我国农村的所有类型，有待于今后进一步通过不同渠道收集完善。对收录的案例由案例提供单位自负文责，在整理时，编者对案例中一些无关内容进行了删减。

由于编者的水平和时间的限制，难免有不足之处，尚请读者批评指正。

本书编委会

2012.3

目　录

第一章 初级处理技术

案例 1 户用沼气池

1. 工程地点

重庆市南川区大观镇

滁州市南谯区黄泥岗镇

2. 适用范围

农村户用沼气池适用于地形复杂，不能统一铺设排污管网的农村地区居住集中或分散农户的污水初级处理，特别适合于灰黑分离后的黑水处理。同时，农户有用肥需求，具备处理后尾水农业利用条件。一套设备用于单个家庭或集中的 2～3 个家庭。亦可用于农村小镇的公共厕所等。

本案例中的沼气池选用一种高分子复合材料制作，易成型，便于工厂化生产，生产建池速度快，沼气池整体保温与密封性能好，池体轻，便于运输和安装。本沼气池专门针对农村家庭设计，容积为 $8m^3$，为户用型沼气池。人粪尿和厨用废水在沼气池厌氧菌的发酵作用下，有机物质将被分解，分解完毕后的沼液、沼渣可用于养鱼、施肥等。

3. 工艺流程

(1) 工艺流程

本沼气池工作原理如图 1-1 所示。

其中：生活污水中不包含农药、洗涤剂、沐浴液等沼气发酵的阻抑物。

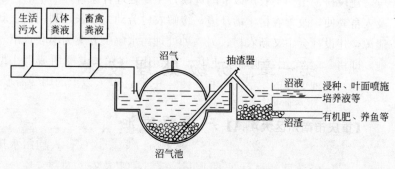

图 1-1　农村户用沼气池示意图

沼气池容积为 8m³，生活污水、人畜粪便经进料口进入沼气池后，厌氧发酵产生沼气用于做饭、照明；而沼液、沼渣通过抽渣器抽出后可做有机肥用于浸种、叶面喷肥、养鱼等。

（2）工艺参数

沼气池水力停留时间 3d 左右，污泥清掏周期 180d。单个沼气池每天的处理污水量为 500L。

主体构筑物材质为热塑性复合材料，由公司专业的施工人员按照指导作业书安装并验收。验收要求如下：配备有专业的技术人员在沼气池安装完成后，对其密封性能和产气性能进行测试，达标后请用户签字完成验收。

验收标准：根据《户用沼气池质量检查验收规范》GB/T 4751—2002。其中主要技术指标有：

（1）密封性能

安装完成的沼气池装满水，保持 24h，液面无变化；

8kPa 压力下，保持 24h，压力变化率不超过±3%。

（2）产气性能

池容产气率达到 0.255m³/(m³·d)

4. 工程概况

本案例农村户用沼气池处理生活污水项目在重庆、安徽、湖北、广西等地均有建设，主要用两种实施手段，一是以当地村、镇为单位，建设村、镇一半农户以上的规模，主要处理各家各户的生活污水及人畜粪便，改善农村生活环境，缓解农村劳动力紧张，利用沼气新能源，建设社会主义新农村；另一种处理污水解决方案为串联式沼气池，即将5～8个沼气池串联使用，主要用于村镇公共厕所或者小型养殖场，处理更多的生活污水和粪便，并满足30人以上的用气需求。

以下是2个典型工程案例。

【重庆市南川区大观镇】

大观镇位于南川区北部，该工程按照171户规模，人均污水排放量100L/d设计，设计处理水量86t/d，涉及农户171户、800人。污水来源主要是人畜粪便和生活污水。工程分3种管道分别对生活污水（无对沼气发酵的阻抑物）、人体排放的粪液、畜禽类排放的粪液进行收集然后汇集到主管道流入沼气池发酵池；工程主要占地面积为沼气池，约10m²，管道为直径10cm和20cm的排污管。设备可处理农户每天的生活污物。既可解决生活污水问题，还可以利用污物得到一定的经济回报。

在农村小镇上修建公共厕所，5～8个蹲位，主要处理小镇上人体排放的粪液等，2～3套设备既可满足处理需要，发酵产生的沼气可用于农户做饭、烧水、照明、养殖孵化等；沼渣、沼液可被周边农户农业利用。公厕建造面积约20～30m²，造价5～8万元，由当地政府提供。图1-2为现场使用情况。

图1-2 现场使用情况

【滁州市南谯区黄泥岗镇】

黄泥岗镇位于滁州城区东北部，距滁州城24km。全镇总面积

$84.6km^2$，该工程按照 50 户规模，人均污水排放量 100L/d 设计，设计处理水量 5t/d，涉及农户 50 户、230 人。污水来源主要是人畜粪便和生活污水。工程分 3 种管道分别对生活污水（无对沼气发酵的阻抑物）、人体排放的粪液、畜禽类排放的粪液进行收集然后汇集到主管道流入沼气发酵池；工程主要占地面积为沼气池，约 $10m^2$，管道为直径 10cm 和 20cm 的排污管，一套设备可处理农户每天的生活污物。既可解决生活污水问题，还可以利用污物得到一定的经济回报。

结合滁州市当地条件，在当地采用了水泥下半球、塑料上半球的拱盖式沼气池，充分利用当地技工的经验，加快了工程建设速度，拱盖式沼气池结合了原来的水泥沼气池和现在新型沼气池的优点。图 1-3 为现场图片。

图 1-3 黄泥岗镇应用现场

5. 运行状况

单个池体工程建造周期约 2～3d，用于农户使用的设备无运行成本，污水粪液等自动排入排污管，然后进入沼气池发酵，发酵后的沼渣沼液农户可直接用于农业施肥及养鱼等，无二级污物排除。经本公司对农户进行培训后，由农户自行对沼气池进行日常维护，主要是每 7d 左右可抽取 2t 沼液和 100kg 沼渣用于施肥，同时进料口加入等量的原料。

工程于 2010 年 12 月开始运行，2011 年 7 月对其进水和沼气池出水进行监测，主要污染物指标数据如表 1-1 所示：

进出水水质情况　　　　　　　　　　表 1-1

指标	pH	COD(mg/L)	SS(mg/L)	NH_3-N(mg/L)	TP(mg/L)
进水	7.8	314	28	65.1	5.23
沼气池出水	7.8	177	26	50.3	3.54

一套设备包安装测试价格约 3500 元，国家国债补贴约 2000 元并提供沼气灶具等配件，农户自支约 1500 元，无运行费用。建成后农户可从沼气利用中得到经济回报约 200～300 元/月，工程为一次性投入，除需农户的日常管理外，基本无维护费用，可使用 20 年以上。

沼气池水力停留时间 3d 左右，污泥清掏周期 180d。单个沼气池每天的处理污水量为 500L，基本上可以处理农户全天排出的生活污水，产气量大概每天 1.2～1.5m³，能满足一个家庭全天的生活用气。

(1) 主要技术问题

本沼气池设计是户用型，故在单个家庭(1 个沼气池)或小型养殖场和镇公共厕所(5 个以下沼气池串联)使用，尤其适用于污水组成相对单一，无集中污水排污管道的村镇和小型养殖户，在广大的农村污水处理中有很大的应用前景；另外沼气池采用高强度复合材料制作，用部件拼接方式组装而成，运输方便、单池重量轻，在山区、高原等不便于安装混凝土化粪池的地方皆可使用；考虑到材质的特殊限制，要求安装地点的地质条件不能有大的石块、树根等尖锐物体，以免损坏池体底部。

(2) 运行管理经验及主要问题

1) 产品及其标准：产品有质量检测报告、企业标准；

2) 施工作业：施工安装过程严格按照《作业指导规范》、《安装指导书》、《使用指导书》、《下坑作业指导书》进行操作。

3) 检验检测：根据《户用沼气池质量检查验收规范》、GB/T 4751—2002 以及公司内部检验标准进行检验，并有技术人员现场指导。

4）运行指导和培训：安装队伍经过公司严格培训，有严格的规章纪律，并将现场对农户进行有关沼气知识的讲解与指导。

5）主要问题：工程在维护中需要农户不定期维护，发酵池每年彻底清掏1次，高温季节及时清理池壁上的结壳，经常进出料，以保证沼气池的顺利运行。

6. 点评

本技术为农村生活污水"黑""灰"分离提供了技术支持，便于粪便的资源化；采用热塑性复合材料，便于施工和工程防水。

作为污水处理设施，可作为一级处理；沼渣和沼液不能直接排放。

第二章　分散型污水处理技术

2.1　一体化污水处理设施

案例 2　太阳能驱动一体化污水处理设备

1. 工程地点

浙江省余杭区径山镇前溪村

2. 适用范围

本案例提供了一种处理分散型生活污水的一体化小型环保设备，处理规模从单户至多户，处理的水量为 0.5～10m³/d。可用于运行费用缺乏和不便于架设常规电源的地区使用。

3. 工艺流程及技术说明

（1）技术概要

该技术将太阳能光伏产电技术引入污水生物处理系统，构建了一种新型太阳能驱动一体化生物膜反应器，解决了污水处理设备对常规电能的依赖，而且将太阳光的日变化规律和污水处理过程中对溶解氧的需求相结合，实现污水处理设施的高效运行；污水处理设施采用生物膜技术，利用缺氧/好氧环境实现高效脱氮。

（2）工艺流程

该工艺的工艺流程如图 2-1 所示：

图 2-1　工艺流程图

化粪池后设置强化厌氧池，内部填充填料，通过水解酸化降解一部分污染物，降低后续设施的负荷；然后污水进入太阳能驱动一体化设备，太阳能驱动一体化设备利用光伏电流驱动空压机为污水设施曝气，利用水位和太阳能强度控制设施的运行，使污水排放规律与光照规律相匹配，同时，该设备利用水力学特性形成内回流，强化了脱氮效果；出水可直接排放或进一步进行生态处理。

（3）技术特点

1）采用太阳能驱动，减少污水处理设施对常规电源的依赖，可在不便于架设常规电源的地区以及缺乏运行费用的农村应用。

2）采用生物膜技术，适于分散污水的排放规律。

3）运行维护简单，利用水位和太阳能强度控制设施的自动运行。

4）污水处理设备化，便于施工和安装。

4. 工程状况

（1）工程概况

工程地点位于浙江省余杭区径山镇前溪村，根据该农户的地理位置和周边情况，适合采用分散处理。

根据长期监测，分析该地区的光照特征和农户的排水特征，然后设计程序，通过水位和太阳能强度控制设施的运行。图 2-2、图 2-3 是该地区典型的日光照、年光照规律。

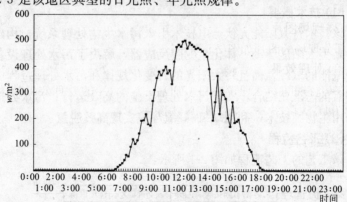

图 2-2 太阳能日光照规律

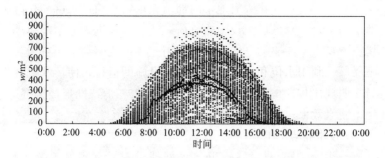

图 2-3 太阳能光照年变化规律

通过对该农户污水排放量的测算，采用设备的型号为 Solar-Biofilm reactor-Ⅰ-0.5，其处理能力为 0.5m³/d。现场工程示意图如图 2-4 所示。

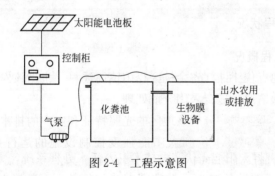

图 2-4 工程示意图

（2）现场图片

部分现场的图片如图 2-5 所示：

（3）处理效果

在运行期间，处理设施对 COD_{Cr}、NH_3-N 的处理效果较为稳定，COD_{Cr} 去除率 89%，NH_3-N 去除率 92%。

5. 运行管理

太阳能驱动一体化生物膜技术安装调试完成后，交予农户或当地村委维护管理，设备提供单位提供技术支持。

运行人员需要仔细阅读说明书，了解各种设备的操作运行方式

太阳能板安装位置

太阳能板

污水处理设施

设备内部

图2-5 现场工程图片

和注意事项。定期检查设备是否发生堵塞，并及时疏通，如果发生设备损坏，则找相关人员维修。

6. 点评

本案例将太阳能光伏产电技术引入污水处理系统，太阳能驱动小型污水处理设备减少了对常规电能的依赖，有效降低了运行成本，为解决农村污水处理设施"建得起，用不起"的问题提供了一种可行的方案，具有一定的创新性。应进一步降低投资并评估太阳能光伏产电技术用于污水处理的稳定性。

案例3 好氧-厌氧耦合污泥减量小型污水处理一体化设备

1. 工程地点

青岛即墨市李家岭村、蓝家庄村，青岛崂山地区水源地，上海浦东新区川沙镇金家村，上海浦东新区，河南省栾川县养子沟风景区。

2. 适用范围

本案例提供了一种处理分散型生活污水的小型一体化环保设备，处理的水量为 $0.5 \sim 50 m^3/d$，可以服务的人口范围为 $4 \sim 300$ 人。主要用于社会主义新农村、缺乏污水收集管道的城乡结合部、旅游风景点、度假村、疗养院、小型铁路车站、别墅区等分散的人群居住地，生活污水经过处理后可以用于绿化植被的灌溉，不仅可以减少对水体的污染，还可以节省水资源。

3. 工艺流程及技术说明

(1) 技术概要

好氧-厌氧耦合反应器中物质转化的过程原理如图 2-6 所示。

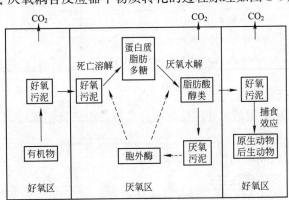

图 2-6　反应器中物质转化过程

进水中的有机物首先进入好氧区，好氧污泥利用这些有机物进行代谢并生成新的增殖污泥，这部分污泥随水流作用进入下游的厌氧区；在厌氧区，好氧污泥由于环境的变化以及厌氧区胞外酶的作用，发生死亡溶解从而释放出胞内蛋白质、脂肪和多糖，而这些高分子物质在水解细菌及酸化细菌的作用下被降解成低分子量物质；这些低分子量物质流入下游的好氧区而被好氧污泥再次利用；未被捕获的污泥在厌氧区发生内源代谢，消耗体内的 ATP，流到好氧区后除了部分用于合成细胞内物质外,还形成细胞合成代谢及分解代谢的解耦联;同时随着水平流动距离的增加及下游环境的改善稳定变化,原生动物和微型动物在下游的好氧区内的密度逐步升高,而且稳定存在,强化了污泥的捕食效应,进一步稳定了出水水质。

多种微生物协同反应的结果是污水中的污染物被转化为无害气体释放到体外,在达到污水碳氮高效去除的同时,实现了剩余污泥的原位减量化。表 2-1 是好氧-厌氧反复耦合(rCAA)技术和其他技术污泥产率的对比,rCAA 技术可以显著降低污泥的产率。

好氧-厌氧耦合技术与其他技术污泥产率的比较 表 2-1

序号	工艺名称	停留时间(h)	污泥产率 kgSS/kgBOD
1	活性污泥法	8	0.5~0.7
2	A/O(厌氧、好氧)	10	0.2~0.4
3	A²/O(厌氧-缺氧-好氧)	10	0.2~0.4
4	OSA(好氧-沉淀-厌氧)	10	0.2~0.3
5	rCAA(好氧-厌氧反复耦合污泥减量化技术)	10	0.05~0.1 以下

（2）技术特点

污泥减量化污水处理技术通过多年的中试及实际应用,验证了如下的技术特点:

① 原位剩余污泥减量效果明显;

② 技术适应性强;

③ 占地面积小,管理维护简单;

④ 运行费用低;

⑤ 投资成本和现有技术基本相同。

4. 工程状况及技术概况

（1）流程图（图 2-7）

图 2-7 工艺流程图

（2）工艺路线

1）好氧-厌氧反复耦合实现污泥和减量废水的同步处理；

2）使用多孔载体实现污泥和水的停留时间分离，增加微生物的浓度和污泥龄，强化好氧－厌氧耦合效果及微生物内源代谢，并提高脱氮效果；

3）强化污水和微生物的接触和混合，提高生物反应速度；

4）通过复合化学反应方法回收除废水中的磷；

5）形成系统的加工图纸和制作操作及维护标准，便于设备的加工和改进。

（3）运行管理

1）使用前准备：本设备使用前要经过专业人员进行设备及运行调试；确保水电等接入设备安全；确保供电设备已开启，并连接好电源线；确保设备前置供水泵可正常使用，各个管路安装连接正确并能正常使用；

2）正常状态下，设备已经设定为"自动运行"。接通总电源设备即可正常工作。污水处理设备运行时水泵和风机的指示灯亮起。

提示：

① 水泵由"液位开关"自动控制（低液位停止，高液位运行）。

② 风机由"时间控制器"自动控制（在设置时间内运行，其他时间为停止）。

3）SSLE 型生活污水处理设备在调试过程中，控制面板上的旋钮开关设置为手动控制方式（仅限于调试之用），在手动控制状态下，设备需通过按钮开关来操作，按下风机或水泵的开关，相应的指示灯亮起，表示设备正常运行（调试专用，用户慎用）。

使用本设备时，应定期清理集水井内的杂物，以防止水泵堵塞，若水泵堵塞，需用清水彻底冲洗泵体，直至水泵能正常使用，再放回污水池。

（4）设备的标准规格(表2-2)。

标　准　规　格　　　　　　　　表2-2

处理量 （t/d）	使用人数	规格长×宽×高 （m）	占地面积 （m²）	材质(钢混、 PE、钢板)	气泵型号、 功率(W)
1.0	6	1.2×0.8×1.2	1.0	3mm钢板	TH-40、43
2.0	12	1.8×1.2×1.2	2.2	3mm钢板	TH-40、43
3.0	18	2.0×1.5×1.2	3.0	3mm钢板	TH-60、61
4.0	24	2.6×1.5×1.2	4.0	3mm钢板	TH-120、78
5.0	30	2.8×1.8×1.2	5.0	3mm钢板	TH-160、78
6.0	36	2.2×1.8×1.8	4.0	5mm钢板	TH-180、87
7.0	42	2.6×1.8×1.8	4.0	5mm钢板	TH-200、145
8.0	48	3.0×1.8×1.8	5.5	5mm钢板	TH-220、145
9.0	54	3.0×2.0×1.8	6.0	5mm钢板	TH-280、550
10.0	60	3.3×2.0×1.8	7.0	5mm钢板	TH-320、550

5. 应用概况

1）青岛即墨市李家岭村污水处理工程(240t/d)、蓝家庄村污水处理工程(180t/d)

以蓝家庄村为例进行介绍，蓝家庄村人口大约有700，生活和工业废水的总量每天大约180t。由于处理的废水是生活废水，有机物及氮的浓度按照城市污水进行设计，进水水质如表2-3所示，出水水质如表2-4所示。

废水处理前水质情况　　　　　　　　表2-3

分析项目	COD	BOD	SS	氨氮
水质(mg/L)	250～550	125～250	150～250	30～45

废水处理后排放情况　　　　　　　　表2-4

分析项目	COD	BOD	SS	氨氮
水质(mg/L)	≤60	≤20	≤20	≤15

该项目于2006年秋完工，已经稳定运行5年。采用一体化的污水处理设备，污泥减量可以达到95%以上，不需要排放剩余污泥，每吨污水的处理费用为0.15～0.3元，操作维护简单、方便。

　　该项目由即墨市政府招标,为两村投资 120 万元。

　　污水经过处理后可以达到城市二级污水处理厂一级标准,如表 2-4 所示。最初是按照城市污水处理厂的进水水质标准进行设计,但在实际操作中发现污水中有机物及氨氮的数值都比城市污水处理厂的进水高,主要是因为农村生活污水在化粪池中停留时间短,含有大量的细小悬浮物,由于该技术可以有效地对这些细小悬浮物进行去除,所以出水仍然可以达标。图 2-8 为李家岭污水处理站图片。

地埋式外观　　　　　　　　　　设备出水情况

集中式外观　　　　　　　　　　风机房

图 2-8　李家岭污水处理站运行 5 年后外观

2) 青岛崂山地区水源地分散污染源治理（农家宴）地上式小型一体化污水处理装置，（1～5t/d），图 2-9 所示。政府采购 61 套，总价 159 万元。

进水及出水水质情况对比（单位：mg/L） 表 2-5

项目	COD	BOD$_5$	氨氮	总磷	悬浮物	大肠杆菌
进水	1095	496	189	7.36	446	2100
出水	30	12	20.2	0.38	36	120

1t/d污水处理设备

2t/d污水处理设备

3t/d污水处理设备

7t/d污水处理设备

图 2-9 不同规格污水处理设备

3) 上海浦东新区川沙镇金家村分散式污水处理（170 套反应器，处理水量 0.5～10t/d）。

该项目由浦东新区水务处及环保局新农村污水治理办出资，共计 140 万元。该工程从 2007 年 11 月开始建设，2008 年 3 月完工，见图 2-10 及表 2-6 所示，运行 3 年多，效果稳定，如表 2-7 所示。

分散在河边的村庄

小型的3户反应器

小型的5户反应器

小型的8户反应器

小型的13户反应器

小型控制盒

图 2-10 川沙镇金家村农村生活污水处理工程

反应器类型及数量 　　　　表 2-6

序号	反应器类型(t/d)	使用户数(户)	反应器数量(个)
1	0.5	1	22
2	1.0	2	40
3	1.5	3	46
4	2.0	4	29
5	2.5	5	14
6	4.0	8	15
7	6.5	13	4
合计			170

各装置进水和出水中的主要污染物的平均浓度(单位:mg/L) 表 2-7

装置名称	COD		BOD₅		氨氮		悬浮物	
	进水	出水	进水	出水	进水	出水	进水	出水
1 户型	1345	34	614	5.86	38.3	1.12	2176	32
2 户型(17 号)	312	47	64.9	7.70	76.4	1.27	394	32
2 户型(57 号)	650	34	168	4.96	53.4	2.93	1049	25
3 户型(10 号)	306	42	1.3	8.39	19.8	0.36	125	65
3 户型(21 号)	6164	70	1386	12.8	21.8	5.14	3284	32
3 户型(61 号)	1380	44	572	8.97	46.6	4.61	1725	28
3 户型(61 号)	557	38	148	6.05	10.2	1.64	394	28
4 户型	817	53	280	7.57	104	48.8	1198	39
5 户型	718	34	238	3.48	46.2	0.20	1146	44
13 户型	2646	36	755	5.38	49.6	0.70	1525	23

4) 上海浦东新区社会主义新农村改造工程

该项目由上海浦东新区发改委出资建设,总投资 390 万元,用以解决曹路镇、泥城镇、六灶镇、老港镇、万祥镇 5 个镇区 1500 户新农村居民的生活污水处理问题。该工程通过短距离管道就近收集居民区的生活废水并进行处理,使出水达到《城镇污水处理厂污染物排放标准》GB 18918—2002 一级 B 标准,污水处理后直接排放到附近河道。

项目于 2010 年 12 月开始,2011 年 4 月完工,目前设备验收完毕,运行平稳、出水正常,如图 2-11 所示。

设备型号规格如表 2-8 所示。

5) 河南省栾川县养子沟风景区农家乐污水处理试点项目

该项目由河南省栾川县政府承办,栾川环保局实施,在养子沟风景区进行农家乐污水处理试点工程,养子沟是国家 4A 级景区,近年来以景区为中心建设发展,景区内人口分散,大小家庭宾馆零落分布在村内各个地方,基础设施建设稍滞后,除家庭宾馆外居民多采用旱厕,排水管网已建设。

SSLE-C-50外观照片

表面覆土绿化

SSLE-C-30安装过程

SSLE-C-40表面覆土外观

图 2-11　现场图片

设 备 规 格　　　　　　　　　　表 2-8

设备名称	尺寸 $L\times B\times H$ (m)	处理量 (m^3/d)	使用人数（人）	功率（kW）	数量
SSLE-C-30	3.6×2.0×2.0	25	150	1kW	6 套
SSLE-C-40	4.8×2.0×2.0	40	230	1kW	7 套
SSLE-C-50	5.5×2.2×2.0	50	300	1.2kW	6 套
备注	运行成本 0.25 元/t				

　　通过对项目区各户家庭进行调查，项目区生活污水主要来源于餐厨废水、洗涤废水、沐浴废水等。污水未经处理直接排放到河道，严重污染了当地环境，流经养子沟的山溪还是上游居民的污水，为防止污水进一步的污染，当地政府对比市场上各种设备情况，最终计划采用 SSLE 型生活污水处理设备处理景区的生活污水。

　　项目率先在养子沟地区采用 5 套 SSLE-C02 设备（2t/d）进行试点运行。试点项目于 2011 年 4 月 7 日实施，5 月 10 日安装调试完毕，目前出水水质可达到 GB 18918—2002 一级 B 标准，如图 2-12 所示。设备参数如表 2-9 所示。

图 2-12　河南省栾川县养子沟 SSLE-C02 项目实地照片

设 备 参 数 表 　　　　表 2-9

型号	使用人数	规格(m)	占地面积(m²)	板材厚度(mm)	功率(W)	备注
C-02	14	1.8×1.2×1.2	2.3	4	43	

6. 点评

污泥的处理和处置是分散型污水处理面临的难题，本案例通过生物反应控制剩余污泥的产率，为分散型污水处理设施的剩余污泥处理提供了一种思路。

各级生物间的种群平衡需在长期工程运行中进一步验证。

案例 4　地埋式一体化污水处理设备

1. 工程地点

山东省乳山市银滩颐和花园小区

2. 适用范围

本案例的一体化设备主要适用于不能纳入城市污水收集系统的居民区，尤其是乡镇和农庄的污水处理、旅游景区、度假村、疗养院、机场、铁路车站、经济开发区等分散的人群聚居地排放的污水和独立工矿区的工业废水就地处理达标排放。适用于中小型(3000t/d以下)生活污水处理。无过多的区域限制，对南北方的乡镇和农村都比较适合。

3. 工艺流程

本装置的结构是由玻璃钢外壳和内胆组成的中心曝气区和周边污泥沉淀硝化区，采用表面曝气方式，由叶轮、电机、减速机、电控柜组成一套完整的污水处理系统。污水由上端进水管流入曝气区，由于表面曝气叶轮水平旋转，产生水花，并且生成上下流动的旋流，所以能够充分地使空气与污水进行快速混合。污水中的有机物和悬浮物被生物截留、吸附，并作为微生物生长的营养源，在微生物繁殖过程中被消化，污水得以降解。同时污水中还存在约15%~35%的悬浮状态活性污泥，对污水同样起到净化作用。其中有机物被微生物降解，处理好的污水通过下部导流槽进入沉淀区。由于沉淀区呈双锥截面，越往上流速越慢，接近液面的流速约0.01mm/s，有利于污泥沉淀，固液分离效果好，澄清的处理水从上边的出水管排出。所以本装置是由生物反应区悬浮生长的活性污泥和附着生长的生物相结合的一种高效生物污水处理设备。

本设备设计停留时间8~12h，较同类产品处理污水量大，出水主要指标达到国家《城镇污水处理厂污染物排放标准》GB 18918—2002一级B以上标准，若再经过深度处理，可以作为景观水、冲厕水、园林绿化水而实现中水回用，具有卓越的经济效益和社会效益。

主要结构如下：

① 外部用聚酯树脂玻璃钢加强；

② 双锥截面、沉淀效率高；

③ 表面曝气叶轮，利用大气向水中供氧，采用自身专有技术能使污水与活性污泥、氧充分接触，净化效率高；

④ 低功率减速机，按程序自动循环运行；

⑤ 格栅盖用作自然通气，不产生异味。

A. 生物区

B. 沉淀区：净化水在这里澄清和流出，即使大流量时也有很高的沉淀效率。如图 2-13 所示：

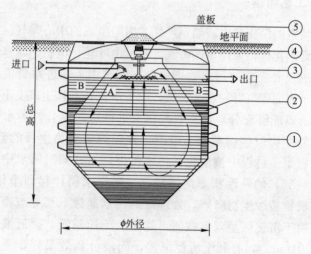

图 2-13　设备示意图

由于污水进入曝气区后与原有的混合液充分混合，从而得到很好的稀释，可最大限度地适应进水水质的变化。由于各点水质比较均匀，微生物的数量和性质基本相同，因此曝气区各部分的工作状况几乎一致，这就有可能把整个生化反应控制在良好的同一条件下进行。装置有两个特点，一是水力停留时间一般在 8～12h 左右，二是间歇曝气。尽管水力停留时间长，但并非连续曝气，一般曝气 7min，停曝 14min(或 10min、20min 或者其他)，可根据原水水质、处理要求、当地的气候和周围环境等条件，通过控制系统调节来确定。一般曝气时间占水力停留时间的 1/2 左右，以一台每天可处理 100～150m³ 生活污水的设备为例，3kW 电机（曝气机和污水泵）要运行约 8h，单位电耗为 0.24～0.16kWh/m³。由于水力停留时间长，污水中有机物浓度很低，微生物进入内源呼吸阶段，因而一部分原生质被降解，同时放出能量以维持生物的生长，污泥量少。曝气区处理好的污水带着少量污泥通过下部的导流缝进入沉淀区澄清，一般污泥在沉淀区要停留 6～8 个月，不断地厌氧消化降解而减少，所以外排的污泥量仅相当于常规活性污泥法的 15%～25%，只需半年左右从沉淀区抽出一部分污泥，实现系统的固相平衡以保证正常运行。在整个体系中好氧、厌氧都降解污泥，因而污泥的矿化度高，脱水性能好，有很高的稳定性，臭味小，可不用消化处理，直接送至干化场处置，简化了污泥处理工序。

（1）工艺流程

污水→格栅→原水调节池→一体化设备→出水

污水首先被污水管网收集，经过格栅时杂物被分离出，分离后的污水进入调节池，格栅也可以和调节池合二为一，污水经过调节池进一步进行厌氧处理，污水停留时间为 12h，处理后的污水经过提升泵（1.5kW）提升至一体化设备进行生化处理，处理后的达标水经检查井自流排放或进一步处理和使用。

调节池根据污水处理量大小决定其容积，外墙采用 37cm 厚的砖墙，要做防水，内设 2 道格栅；内墙采用 24cm 厚的砖墙；顶板采用 20cm 厚的钢筋混凝土封顶；底部采用 10cm 厚的混凝土速混垫底，25cm 厚的钢筋混凝土防水底板，3 个观察口都是直径700mm 的水泥井盖，本设备为玻璃钢材质。土建工程必须达到上述要求和质量方可验收合格。

（2）主要型号

主要型号参数如表 2-10 所示。

主要型号参数　　　　　　　　　　　表 2-10

外胆直径 (cm)	外胆总高 (cm)	污水日处理量 最低标准指数 (t/d) 停留时间为 12h	污水日处理量 最高标准指数 (t/d) 停留时间为 8h	曝气机功率 (kW)	曝气时间 (h/d)	居民容量 (人)
240	290	20	30	0.75	8～12	200～300
310	360	40	60	1.1	8～12	400～600
420	460	100	150	1.5	8～12	800～1200
500	583	160	220	2.2	8～12	1500～2000
550	610	200	300	3.0	8～12	2000～2500

注：曝气时间可依据水质水量的变化而适当调整。污水日处理量根据 COD 浓度确定。

4. 工程概况

颐和花园小区工程实例：颐和花园小区位于山东省乳山市银滩，该小区的人口为 3000 人，主要污水来源于小区内的日常生活污水，包括厨房、卫生间、淋浴、洗衣等污水。日排放污水量大约为 300t，故以 WA-400 型号设备每天单台处理量最高约 150t 计算，需使用 2 台。不包括管网，因为调节池埋在地下，所以仅 2 台设备占地面积约为 100m²。工程总投资为：管网约 1000m，200 元/m，管网费用为 200×1000＝20 万元，2 台污水处理设施价格为 36 万元，总价格为 56 万元，资金来源于颐和花园小区开发商，管网贯穿小区收集了全部的污水。如图 2-14 所示。

图 2-14　设备安装现场

5. 运行状况

运行维护单位为颐和花园小区房地产开发商，上级管理部门是物业，运行维护人员 1 名，以 WA-400 为例，每吨水每天的处理费用约为 0.15 元，总成本为 0.15×150＝22.5 元/d。该设备自动运行，只需要 1 个管理人员定期检查，不停电即可正常运转，由看门人负责即可，不必单独配备。维护资金主要用在一些易损电器上，费用很低，由物业出资。

6. 点评

该技术是完全混合式活性污泥法，技术比较成熟，采用两相分离法实现泥水分离，一体化设计灵活方便。

但存在设备建设和运行复杂、成本高，对氮磷去除能力弱的问题。

案例 5 Batchpur SBR 农村分散型污水处理反应器

1. 工程地点

浙江省温州市瓯海区南白象街道金竹村

2. 适用范围

适应于未被接入或未计划接入、或无条件接入城镇污水处理厂的分散型污水的处理，包括餐馆、宾馆、个人住房、公寓大楼、社区、生态小区、度假村、小型企业、农村农场等有一定经济基础的区域，可实现就地处理和中水回用。

3. 工艺流程

工艺流程如图 2-15 所示。

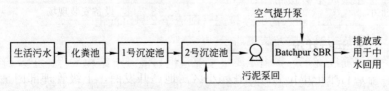

图 2-15 污水处理工艺流程

（1）一级处理（预处理）

可以拦截和沉淀体积及密度较大的污染物，兼顾均质和均量，减轻后续处理设施的负荷。Batchpur 处理技术采用两级串联式初沉池作为一级处理，生活污水由各处的地下管道进入 1 号初沉池，通过自流形式流入 2 号初沉池，调节好的污水由气泵提升进入生化处理系统。

（2）二级处理（生化处理）

继一级处理以后的废水处理过程，主要利用构筑物内或特定环境中的生物（主要是微生物）去除水中溶解的或悬浮的有机物。Batchpur 采用 SBR 工艺，以 6h 为处理周期（T），通过间歇曝气，实现好氧、缺氧、厌氧状态交替，达到良好的脱氮除磷效果。操作过程包括 5 个阶段，如图 2-16 所示：

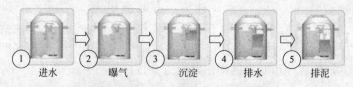

| ① | ② | ③ | ④ | ⑤ |
| 进水 | 曝气 | 沉淀 | 排水 | 排泥 |

图 2-16 Batchpur 生化反应池处理阶段

① 进水：污水自 2 号沉淀池经气动泵提升至反应池，一个周期内分 2 次进水；

② 曝气：采用间歇曝气，以 30min 为一个单位，由自动溶解氧控制系统调节曝气和停滞的时间比，完成多次的曝气和停滞交替；

③ 沉淀：曝气结束后，通过静置沉淀达到良好的泥水分离；

④ 排水：通过气泵从水面以下一定高度排水，保证活性污泥和悬浮杂质不会被带出；

⑤ 排泥：剩余污泥经排泥管回流至 2 号沉淀池。

主体构筑材质及施工质量：

钢筋混凝土，其施工质量主要根据《混凝土结构工程施工及验收规范》GB 50204—2002 和国家标准《建筑工程施工质量验收统一标准》GB 50300—2001。

验收要求：

出水水质达到《城镇污水处理厂污染物排放标准》GB 18918—2006 中的一级 A 类标准。主要指标如下：$COD=50mg/L$，$BOD_5=10mg/L$，NH_3-$N=8mg/L$，$pH=6\sim9$。

4. 工程概况

金竹村位于浙江省温州市瓯海区南白象街道的南部，104 国道贯穿全村，金丽温高速公路穿村而过，紧靠瓯海经济开发区，总面积 2.3km²。根据瓯海区环保局的部署和村民的要求，决定对南白象横宕村的生活污水进行处理。横宕村现有居民 153 人，用水量标准按 100L/（人·d），排放系数按 0.85 计算，则污水排放量为：$153\times100\times0.85/1000=13m^3/d$，考虑到该村的后续发展，污水处理系统设计流量按 15m³/d 计算，占地面积为 20.2m²。总投资 18.5 万元，其中设备费 12 万元、安装和土建费 6 万元、其他费用 0.5 万元，全部由温州荣日环保科技有限公司自筹。工程现场照片如图 2-17、图 2-18 所示。

图 2-17 温州市南白象横宕村 污水处理现场图

图 2-18 Batchpur SBR 反应器的气动泵

5. 运行状况

工程已经运行 2 年，总体运行非常稳定，处理后的污水直接排放至塘河，出水主要指标如下：$COD=50mg/L$，$BOD_5=$

10mg/L，NH_3-N＝8mg/L，TP＝0.5mg/L，pH＝6～9。运行维护人员 2 名，每天运行费用为 6.0 元，即 0.4 元/t，运行电耗 11.4(kW·h)/d。图 2-19 为 2011 年 4 月连续 1 个月的监测数据。

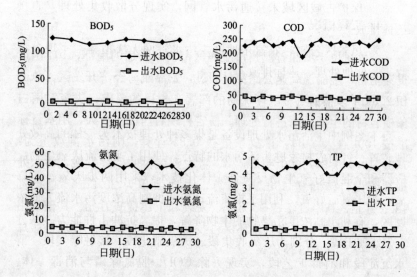

图 2-19　2011 年 4 月监测数据

6. 点评

工艺设计较为合理，出水水质好；实现远程自动化控制，调整运行参数。

投资和运行成本高，适合经济较为发达的农村地区使用。

案例 6　厌氧-好氧一体分散生活污水处理技术

1. 工程地点

常熟市尚湖镇常兴村

2. 适用范围

① 远离城市中心，周边配套设施不全，未接通污水管网的城郊新兴住宅小区的污水处理，完成就地处理、就地回用。

② 保护古城区域未接通污水管网，实现分散收集处理，直接达标排放。

③ 风景区公厕、农家乐地区，污水管网无法覆盖，实现分散收集、就地处理、达标排放。

3. 工艺流程

本案例中生活污水处理设备是集多种处理技术为一体的高效处理装置。针对农村家庭生活污水的特点，使用了平推流厌氧生物反应器和全混流好氧生物反应器一体化技术，采用两步厌氧一步好氧，先厌氧后好氧，利用平推流流动模式抑制高浓度污水流入低浓度区，有利于高浓度污染物的生物降解，提高抗冲击性能力。共分5 个处理工段，分别为厌氧收集段、厌氧硝化段、接触曝气段、清水沉淀段和消毒工艺段，实现去除 COD、脱氮除磷与消毒一体。详见图 2-20、图 2-21 所示。

将厌氧两区按不同容积比例设计滤床，一级厌氧区需要给过滤得到的大分子颗粒物以存储、待分解的空间，另外经一级厌氧降解后得到的小分子有机污染物，可以经二级厌氧区更大容积密度微生物的进一步吸附、降解，可以提高有机物去除率，有效地提高了抗冲击能力；再经过好氧填料上好氧微生物的吸附、降解，使得有机物可以被更好地去除。

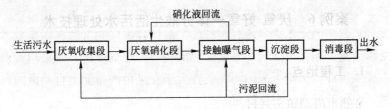

图 2-20　DSP 系列污水处理工艺流程图

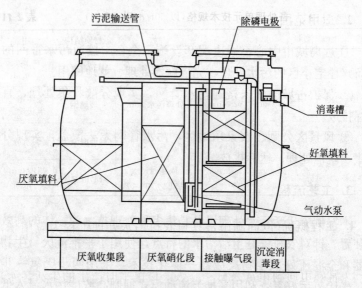

图 2-21　DSP 系列污水处理设备结构图

由于在实际应用中分散生活污水的水质波动较大，此时，可依靠设备内专用填料上的生物膜的吸附作用降低污水中的污染物浓度，减少后段工序生物降解的负荷，起到很好的缓冲作用；在厌氧段上部设置流量调整区，缓冲流入的污水水质水量的变动，消除或减轻来水的冲击负荷，起到调节池的功能，减少动力的消耗，保证处理效果。

在设备的空间上，将厌氧区、好氧区、沉淀区以及消毒区连为一体，两区共用一壁，区与区之间污水以各区势能差，形成自流运行方式，不需要外加动力。沉淀区是一个相对平稳的平推流流动过程，不受好氧段全混流的影响，有利于沉淀分离。由于采用溢流方式，消毒槽的水不会逆流到沉淀区，确保好氧区和沉淀区微生物不受杀菌剂影响。沉淀区与好氧区底部相通，在沉淀区一侧采用倾斜方式使沉淀区沉淀下来的污泥能在大于安息角的斜面上自动滑向好氧区，保持好氧区的生物量。

各单元技术参数如表 2-11 所示。

各处理单元技术规格（以 50t/d 系列为例） 表 2-11

名称	单位	数量	尺寸(长×宽×深)	参数	材质结构	用途
调节池	座	1	5000mm×2000mm×3000mm	有效容积 30m³	钢筋混凝土	调节水质水量
一体化设施	套	1	7000mm×ϕ2500mm	日处理污水 50m³	玻璃钢	一体化污水生化反应器
沉淀池	座	1	2000mm×2000mm×3000mm	表面水力负荷 1m³/(m²·h)	钢筋混凝土	泥水分离
污泥池	座	1	1500mm×2000mm×3000mm	固体通量 3kgBOD₅/(m²·d)	钢筋混凝土	污泥驻留及浓缩

4. 工程概况（以尚湖镇常兴村农村污水处理工程为应用示范实例）

1）常熟市尚湖镇常兴村 400 人，村民平时产生的生活污水均未经任何处理即直接排放在河道或池塘内，严重影响了附近河道和池塘的水质。

2）根据现场调研结果，将原化粪池出水管道经污水管网连接至集水池，集水池内安装提升泵，将污水收集后进行处理，出水直接排放至周边河道内。如图 2-22 所示。

管网：集中式收集管网，雨污分流。

图 2-22 现场图片

3）原先无污水处理设施，均为直排或渗漏。

污水来源：洗衣水、洗澡水、卫生间污水及其他生活污水。

5. 运行状况

① 运行单位：合同签订 1 年期内，污水站的运行维护由设施建设单位负责，1 年后由甲乙双方协商具体的维护职责：A. 由乙方继续负责污水站的运行维护，甲方（常熟市尚湖镇人民政府）向乙

方缴付运营费；B. 由甲方负责运行维护工作，乙方无偿为甲方培训 2～3 名兼职管理人员；

② 上级主管部门：常熟市尚湖镇人民政府；

③ 运行维护人员数量：1 名；

④ 处理效果：出水水质稳定且已达设计的一级 B 标准（详细数据见附件《水质监测报告》）；

⑤ 工程建设与运行费用

工程自 2011 年 4 月 1 日开始施工至 2011 年 4 月 30 日竣工；项目总投资（不包括管网建设）为 515077 元。

主要动力设备运行费用如下：a. 调节池水泵（$Q=6m^3/h$，$H=10m$）2 台 1 用 1 备装机功率 0.75kW，运行费用为 0.06/t 水；b. 沉淀池污泥泵（$Q=6m^3/h$，$H=10m$）2 台 1 用 1 备装机功率 0.75kW，运行费用为 0.01/t 水；c. 一体化设备 1 台，装机功率 2.0kW，运行费用为 0.16/t 水。

由于采用电脑程序控制设备的运行，无需人工管理，因此总计每吨污水的运行费用最大值为电费 0.23 元。在签订合同 1 年期内，运行费用由公司承担；1 年后，由双方商议确定，费用由常熟市尚湖镇人民政府承担。

本案例由公司专业人员对运行管理人员进行标准化培训上岗，实行绩效考核制度。

6. 点评

该技术厌氧/缺氧/好氧串联，可有效去除污水中的污染物。投资和运行费用较高。

案例7 生物集成污水处理设备

1. 适用范围

该产品对污水就地处理，不用长距离污水管网，节省了大量管网费用，非常适合于农村污水分散处理，该产品可广泛应用在地形复杂的旅游景区、新型农村社区改造、写字楼、学校、医院、宾馆等污水管网未覆盖的场所。具有较高的经济与社会价值。

2. 工艺流程

流程示意图如图 2-23 所示：

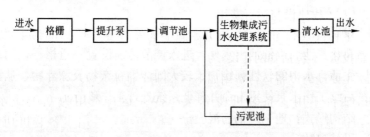

图例：——▶ 污水 -----▶ 污泥

图 2-23　流程示意图

生物集成污水处理设备工艺流程，如图 2-24 所示：

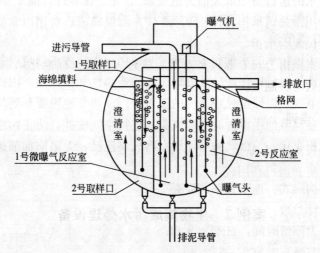

图 2-24　集成设备示意图

生活污水由进污导管进入 1 号降解室，污水在进行沉淀腐化的同时，被微生物菌剂进行初步降解，微生物菌剂可有效控制有害菌种和臭气；经过降解的污水进入 2 号降解室，在微生物形成的生物膜的作用下，污水中的有机污染物在充足的 DO（溶氧）条件下被微生物截留、吸附和分解，实现对污水的净化；经处理后的水进入 3 号澄清室，最后沉淀排出。

各单元设计和运行参数：

（1）格栅

设置目的：

在化粪池、隔油池出水处，进入调节池前设置一道格栅，用以去除生活污水中的软性缠绕物、较大固体颗粒杂物及漂浮物，从而保护后续工作水泵使用寿命并降低系统处理工作负荷。

结构形式：地下式钢筋混凝土

设计参数：

前水深 0.5m

渠数：1 道

池体尺寸：$L \times B \times H = 2 \times 2 \times 1.7m$

主要配套设备及材料：格栅采用手动机械框式。

（2）调节池

由于该污水的水量和水质随时间变化很大，污水处理设备需有足够的调节容量以保证后续处理设备的连续性和稳定性，因此设置污水调节池，以保证处理系统的正常运行。调节池主要起到均量的作用。在调节池中设置旋混曝气头，进行空气搅拌，防止污水中沉淀物沉积腐化。该曝气头与降解室曝气泵连接，无需添加额外的动力设备。

结构形式：地下式钢筋混凝土

设计参数：

水力停留时间：HRT=8.0h

调节池有效容积：27.3m³

池体尺寸：$L \times B \times H = 2 \times 6 \times 2.5m$

根据实际地形进行施工，设计池深不低于 1.5m。分等容积 3

格建造(3 套设备共用 1 座调节池)。

主要配套设备及材料：

1）鼓风机

型号：AL-120

2）旋混式曝气头

规格：ϕ260

数量：12 个

3）提升水泵

型号：HQB-3500

流量：2m³/h

扬程：4m

功率：61W

数量：2 台(1 用 1 备)

4）气浮式阀门

数量：1 个

3. 生物集成污水处理系统

污水在内置悬浮填料的反应池内，经过反复的"厌氧-好氧"过程完成有机物氧化、氮的硝化、反硝化脱氮及生物释磷、吸磷过程；剩余污泥通过气提装置定期外排处理。

结构形式：地下式玻璃钢。

(1) 生化反应池

设计生化反应总水力停留时间 HRT=8h

其中，好氧区 HRT=5.5h

厌氧区 HRT=2.5h

好氧区有效容积为：4.8m³

厌氧区有效容积为：2.2m³

生化反应池有效容积为：7m³

(2) 沉淀池

设计二次沉淀区有效沉淀时间：T=6h

沉淀区有效容积为：5.25m³

主要配套设备及材料：

1）悬浮填料：半软性填料

各反应区填料填充率40%

填料体积：3.6m³

2）曝气泵

型号：AL-120

功率：125W

3）旋混式曝气头

规格：ϕ260

数量：4个

4）污泥回流气浮装置

数量：一套

（3）其他

PLC控制系统：

数量：1套

该系统能控制曝气时间、回流时间、排泥时间，使设备的运行实现无人化管理。

远程监测系统：污水处理设备间内安装有无线发射装置，通过分布在系统内的感应装置，实时检测设备的运行状态，在服务器端，公司服务器接受采集来的无线数据信息进行分析，可判断设备的运行状态，随时监测设备运行及水质情况保障设备正常运行。

设计验收要求：

本项目设计依据以下标准进行：

① 国家及地方有关环境保护法律及法规；

② 建设方所提供的有关该项目的资料；

③《污水综合排放标准》GB 8978—1996；

④《城镇污水处理厂污染物排放标准》GB 18918—2002；

⑤《城镇污水处理厂污泥处置 园林绿化用泥质》CJ 248—2007；

⑥《中华人民共和国环境保护法》；

⑦《中华人民共和国水法》1998；

⑧《中华人民共和国水污染防治法》1996；

⑨《中华人民共和国水污染防治法细则》1989；

⑩《建设项目环境保护设计规定》1997；

⑪《建设项目环境保护设施竣工验收管理规定》1994；

⑫《给水排水设计手册》。

污水处理出水标准达到《城镇污水处理厂污染物排放标准》GB 18918—2002 一级 B 标准。

4. 工程概况

耿公清社区位于莱城区方下镇，包括 12 栋楼房，25 套别墅，建筑面积 4.5 万 m³，1000 余人。该社区污水处理项目由生态洁环保科技股份有限公司于 2009 年 12 月份承建，项目工期 8 个工作日，采用当今最先进的生物集成处理技术——"生活污水生物集成处理设备"来进行污水处理。项目总投资 23 万元，日处理生活污水 100m³，设备出水达到国家一级 B 标准，经过处理的污水用来回用，主要用于社区树木花草的灌溉，既节省了大量费用，又改善了社区居民居住环境。

工程总投资：该项目设备及土建共投资 23 万元

资金来源：耿公清社区自筹资金

占地面积：设备采用地埋式，不占用地上面积，项目开挖土方面积为 95m²，设备安装到位后，进行回填土，并在回填土上种植植被进行绿化。

管网铺设情况：

小区内设化粪池，化粪池流出的污水经小区内的污水管网集中收集至小区西北侧的污水处理设备内，经过污水处理设备处理后的水达标后排放，如图 2-25 所示。

图 2-25 耿公清社区污水处理站

5. 运行状况

2009 年末对该项目进行了施工，设备运行半年后，经甲方验收合格后对设备进行了移交，经过公司对甲方兼职维护人员的简单培训，甲方已可以单独进行运行维护。

运营公司承诺设备质保期限为设备正式投入运行后 12 个月或交货后 1 年，终身维修。若设备发生故障，售后服务人员在接到用户通知后，4h 内作出答复，不超过 24h 内必须通过电话或派出专业技术人员赴现场服务。保修期满，公司对设备保养、维修仅收取一定的成本费。

经过近 2 年的使用，设备基本没有任何故障，经过市环境保护局的抽样检测，出水水质一直稳定保持在一级 B 出水水质。

上级管理部门：环境保护局

运行维护人员数量：无需专职人员，仅有社区一名兼职维护人员进行定期巡检。

处理效果：

实际检测该社区进入水质平均值状况如下：

SS：200～250mg/L；

COD_{Cr}：300～450mg/L；

BOD_5：150～250mg/L；

$NH_3—N$：20～40mg/L；

TP：3～5mg/L；

pH：6～9。

对处理后的出水指标进行了跟踪监测，得出出水水质基本稳定如下：

SS≤20mg/L；

COD_{Cr}≤60mg/L；

BOD_5≤20mg/L；

$NH_3—N$≤8(15)mg/L；

TP≤1mg/L；

pH＝6～9。

符合国家《城镇污水处理厂污染物排放标准》GB 18918—2002 排放标准一级 B 的要求。吨水处理直接成本：

运行费用计算：

① 提升泵 61W，每天运行 18h；

② 曝气泵 125W，每天运行 16h；

日耗电量合计：3.096kWh。每 kW·h 电按 0.6 元，日处理费用：3.096kWh×0.6 元/kWh＝1.86 元。每立方米水处理费用：1.86 元/21m³＝0.08 元/m³。

总成本：运行成本加上设备折旧，吨水处理总成本基本在 0.2～0.3 元之间。

运行和维护资金来源：耿公清社区自筹资金。

运行管理经验及主要问题：

人员培训方式：

在项目移交过程中，公司主要对甲方维护人员进行了专门培训，培训内容主要包括：污水处理设备的使用、管道连接、电气、机器、紧急故障排除等方面的培训。此外还帮助甲方建立了人员岗位培训制度，由我公司定期电话回访，每隔一定时间公司对甲方进行一次现场指导。并制定了详细的培训计划。

运行以来主要管理问题：

该小区在运行过程中电源经常不稳定，时常造成断电，设备内曝气泵不能正常工作，设备内菌剂与污水不能充分接触，造成降解效果差，出水水质不达标。

针对该管理问题，我公司提出建议，加强对设备电源的保障力度，必要时可采取备用电源的方式。

6. 点评

该技术厌氧/缺氧/好氧串联，可有效地去除污水中的污染物。

投资和运行费用较高。

2.2　生　物　处　理　技　术

案例 8　串联 A/O 工艺

1. 工程地点

厦门市同安区五显镇小后垄村

2. 适用范围

① 农村生活污水处理；

② 单体别墅生活污水处理；

③ 旅游区宾馆污水处理；

④ 其他无管网地区生活污水处理。

处理规模 $50\sim1000m^3/d$，更大规模的生活污水处理需要建立配套工程来完成。

3. 工艺流程

（1）基本工艺流程如下所示

生活污水来源→调节沉淀池→格栅→多级串联 A/O 系统→达标排放

（2）工艺流程文字说明

污水首先进入调节沉淀池，将大块的沉淀污物沉淀在池内，经过发酵，厌氧对分子物质进行分解，体积将大大减小，同时调节水质水量，确保后续处理的稳定性及有效性，为达标处理提供保障，再经自流进入格栅池，拦截大块垃圾等，为后续处理设施提供保障。接着进入多级串联 A/O 池，此池的主要作用是去除污水中的氮、磷和 COD，COD 去除率达到 95% 以上，污水完全可以达一级 B 标准。

（3）工艺流程结构设计

相比城市污水，村镇污水往往 BOD_5 不高，反硝化所需碳源不足，造成脱氮效果不好。研发的串联 A/O 工艺可最大限度地提高

污水中碳源的利用率，提高其脱氮效果。其工艺结构如图 2-26
所示。

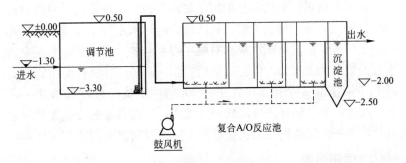

图 2-26　串联 A/O 工艺流程图

其工艺特点是几个缺氧-好氧单元串联，进水分段进入几个缺
氧段中，通过调节各段进水比例，达到提高脱氮率的目的。同时省
去混合液回流，降低能耗。此项技术应用于处理厦门某自然村的村
镇污水，处理水量为 50m³/d。表 2-12 为稳定运行时的处理效果。

串联 A/O 工艺的处理效果（mg/L）　表 2-12

监测次数	COD		BOD		NH₄⁺—N		TN	
	进水	出水	进水	出水	进水	出水	进水	出水
1	184.0	23.6	106	5	31.7	4.8	40.3	15.4
2	118.0	15.9	56	7	28.9	2.7	40.8	18.3

4. 工程概况

该案例位于厦门市同安
区五显镇小后垄村，全村总共
44 户，169 人，预留规划宅基
地 16 户。现状排水为雨污合
流沟渠，晴天污水污染沟渠土
壤，发黑发臭（图 2-27）；雨
天雨水冲刷扩散污染，给村

图 2-27　小后垄村污染情况

容村貌带来极大污染，严重影响村民居住环境，同时带来健康风险。

由于小后垄村的地形是中间高东西两边低，故采取在村庄东西两侧各敷设一条主排水管道，每家每户的污水用排水支管收集并连接到主排水管道的措施。根据对村庄排水量的估算，拟定 2 条主排水管的管径为 $de200$，各支管的管径为 $de110$；管材皆为 PVC-U；村中 2～4 户设 1 个排水检查井，排水管网中共有 12 个检查井。

此外，为了防止固体废物进入管内，还在每家每户的支管进水口处增加一个过滤网，村民将根据实际情况对过滤网前的固体废物进行清除。

污水沿各支管汇入到主排水管道中，最终排到污水处理设施的第一道工序调节池，进行污水处理。经过处理后的污水达到标准后，可回用于农田灌溉。

污水经串联 A/O 工艺处理后，主要污染指标达到了《城镇污水处理厂污染物排放标准》GB 18918—2002 一级 B 标准。图 2-28 为装置照片。

图 2-28　串联 A/O 工艺处理村镇污水示范工程

5. 运行状况

装置安装到位并调试合格后，出水达到《城镇污水处理厂污染物排放标准》GB 18918—2002 一级 B 排放标准，吨水运行费用约为 0.45 元。

（1）主要技术问题

该污水处理点采用工艺为多级串联 A/O 处理工艺，设计过程中的主要问题为设备选型及配件选型；调试过程中面对的问题一是来水量不稳定引起的设备运作不连续，但不影响出水水质；二是来水水质不稳定（有可能夹杂家庭养殖废水）导致出水水质有波动。

（2）运行管理经验及主要问题

设备全自动运行，安排人员定期查看即可。

6. 点评

案例中采用的多级串联 A/O 工艺在去除 COD 的同时，重在强化脱氮效果，相比传统脱氮工艺省去了内回流操作，具有操作简单、维护费用低的优点。

在农村地区，污泥处置是需要考虑的问题。

案例 9　厌氧＋好氧＋砂滤

1. 工程地点

北京市的通州区和密云县，包括通州区胡家垡村、北窑上村、草厂村、老庄户村（2 个站）、垡头村、仇庄村等 19 个村的 27 座污水处理站以及密云土门村、黑山寺村、下屯村、小开岭村、辛庄村、兵马营村等 9 个村 14 座污水处理站。

2. 适用范围

① 适合我国广大农村、偏远分散点源污染地区、山区农村；

② 适合分散居住地区，如居民小区、乡间农舍以及小部分人口聚居地；

③ 规模小于 500t/d 的污水处理站。

3. 工艺流程

（1）流程说明

本案例简称 AOBR（Anaerobic-Oxic bio-Reactor）工艺，是"厌氧＋好氧＋砂滤"综合生物处理工艺技术的简称。它是在常规生物处理工艺基础上，对厌氧段进行强化，在好氧段（好氧 Oxic），提高对 COD、BOD 以及氨氮等污染物的去除能力，实现污水处理全过程无电力消耗、无剩余污泥，同时使污水得以净化，以达到相应的排放标准。

AOBR 工艺流程如图 2-29、图 2-30 所示：

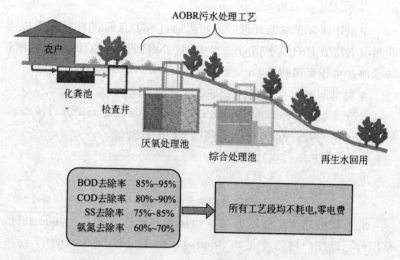

图 2-29　山区、半山区 AOBR 工艺流程示意图

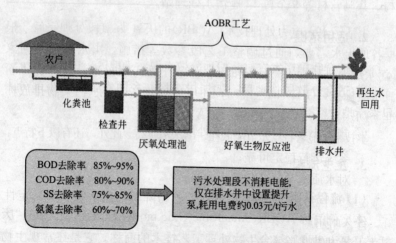

图 2-30　平原地区 AOBR 工艺流程示意图

① 预处理厌氧池

收集到的污水首先经过预处理池，砂石、沉渣等在此环节被去除、进行预净化；厌氧池对预处理池内的出水进行消化，提高污水的可生化性。

② 好氧生物处理池

经预处理，厌氧池处理后的污水通过水力自流进入好氧生物处理池，生物槽上的微生物对污水中的污染物进行有效的生物降解，以达到去除污染物的目的。

③ 接触过滤池

由特选天然材料组成，对经生物处理的出水进一步进行接触过滤，深度净化水质，达到排放标准。

(2) 各单元运行设计参数

各处理单元运行参数详见表 2-13。

AOBR 处理单元参数一览　　　　　　　　　表 2-13

项目	预处理厌氧池	好氧生物处理池		接触过滤池
	HRT(h)	表面负荷 $[m^3/(m^2 \cdot d)]$	HRT(h)	滤速(m/h)
数值	20～40	0.6～0.9	20～25	0.05～0.08

生活污水无电力处理技术（AOBR）的厌氧-好氧段处理完后，根据各地出水需要，通过调整工艺段参数等措施，出水可达到国家《污水综合排放标准》GB 8978—1996 中的一级标准，或《农田灌溉水质标准》GB 5084—2005，还可达到北京市《水污染物排放标准》DB 11/307—2005 中的一级 A 标准。

本技术的显著特点是节能低耗、出水水质高。此外，还有以下特点：

① 系统运行稳定可靠；

② 对水质水量的变化适应力强；

③ 填料为有机无机复合材料，不易降解，化学和生物稳定性好、经久耐用；

④ 有机物去除率高；

⑤ 在北方农村整个工艺设施为地埋式，受环境季节变化影响

小，可在冬季冰雪季节正常运行，地面部分仍可绿化或农用；在南方地区无需地埋；

⑥运行期维护简单、成本极低、不需专人值守和专人维护，只需定期巡视。

（3）主体构筑物和验收要求

AOBR污水处理站的主体构筑物为钢筋混凝土结构，可根据地形变为厌氧段＋好氧段分体式结构，或为单体综合处理池。本工艺构筑物也可在南方地区采用当地毛石、砖砌等砌体结构，建筑材质选取灵活，有很强的地区适应性。

污水处理站施工质量及验收应满足《城市污水处理厂工程质量验收规范》GB 50334—2002的要求。

4. 工程概况

AOBR工艺已经在北京地区使用了近10年，主要工程位于北京市的通州区和密云县。以下为部分工程简介。

2006年通州新农村污水处理工程涉及通州区内台湖镇胡家垡村、徐新庄镇北窑上村、漷县镇草厂村、西集镇老庄户村、张家湾垡头村、于家务乡仇庄村、潞城镇兴各庄村、永乐店镇小务村、马驹桥镇小杜社村9个镇（乡）的9个村12个污水处理点。该工程的污水处理设施服务人口为1.7万，每年共需处理生活污水51万多t。

在该工程建成之前，各村庄排水现状都为雨污混排，排水沟内主要排放雨水，通过路面或排水沟汇集到村庄的主排水沟，然后排入附近的河道。示范区内村户主要以平房为主，没有下水管道，厕所一般为旱厕，少数村户改为水冲厕所，厕所污水进入化粪池后就地入渗或未经处理就直接排入排水沟，对村庄周边地下水环境产生了严重污染。工程建成之后，生活污水通过污水管网收集至污水处理站，处理后污水用于农田灌溉。

根据现场调查，工程所在的9个村的人畜用水一般为自来水，农田灌溉用水基本为使用机井抽取的地下水。建立农村污水处理工程可解决9个示范村的生活污水处理问题，每年可处理生活污水51

万多 t，处理后的再生水用于农田灌溉可为示范区每年节省 51 万多 t 地下水，即可节约灌溉抽水电费 8 万多元。

图 2-31 至图 2-34 为各村污水处理站的工程照片。

图 2-31　北窑上村污水处理站

图 2-32　草厂村污水处理站

图 2-33　仇庄村污水处理站

图 2-34　胡家堡村污水处理站

5. 运行状况

（1）运行维护

已建成的 AOBR 污水处理站多年运行良好，其操作维护简单，无需单独设置人员看护，每年只需研究所人员现场检查 2～3 次。

现在，我国没有专门针对农村生活污水处理的出水水质标准，在已建的污水处理站中，根据各地农村对污水处理站出水的用途来合理选择出水水质执行的标准。目前可参考的出水水质执行的标准主要有以下 3 个:《城镇污水处理厂污染物排放标准》GB 18918—2002,《污水综合排放标准》GB 8978—1996,《农田灌溉水质标准》GB 5084—2005。

(2)水质检测情况

AOBR 工艺技术在农村地区的应用已达到 50 多处,部分已调试验收的污水处理站均进行出水水质的检测,检测过程的取样均采用不同时段的多次取样,以求检测数据的可靠性。表 2-14 至表 2-17 为部分取样分析数据。

胡家堡村污水处理站进出水情况一览(270m³/d)(单位:mg/L)

表 2-14

项目	BOD_5	COD_{Cr}	SS	NH_4^+—N	TP
进水	76	197	114	21.4	1.79
出水	13	27	17	19.0	1.72
执行标准	20	60	50	12	5~10
去除率(%)	84.2	86.3	85.1	11.2	3.9

草厂村污水处理站进出水情况一览(160m³/d)(单位:mg/L)

表 2-15

项目	BOD_5	COD_{Cr}	SS	NH_4^+—N	TP
进水	47	108	70	34.1	3.28
出水	9	22	13	6.58	0.63
执行标准	20	60	50	12	5~10
去除率(%)	80.9	79.6	81.4	80.7	80.8

北窑上村污水处理站进出水情况一览(100m³/d)(单位:mg/L)

表 2-16

项目	BOD_5	COD_{Cr}	SS	NH_4^+—N	TP
进水	160	369	95	54.8	4.29
出水	25	84	21	22.5	1.54
执行标准	20	60	50	12	5~10
去除率(%)	84.4	77.2	77.9	58.9	64.1

仇庄村污水处理站进出水情况一览（100m³/d）（单位：mg/L）

表 2-17

项目	BOD$_5$	COD$_{Cr}$	SS	NH$_4^+$—N	TP
进水	69	192	98	35.4	2.40
出水	11	32	21	7.63	0.61
执行标准	20	60	50	12	5～10
去除率(%)	84.1	83.3	78.6	78.4	74.6

（3）主要技术问题

在通州区污水处理工程的设计过程中，由于通州地区全部是平原，没有适合的进出水落差，污水处理全过程不用电，但出水需用电提升排放，以供灌溉农田使用。在通州平原村，出水采用220V/1.5kW清水泵根据出水量自控提升的办法，水电费平均为0.033元/t；而山区、半山区有自然位差的地区，出水则可自然排放，无需提升。

（4）运行管理经验及主要问题

农村地区按照当地地形条件，选取污水处理过程不用电的AO-BR污水处理工艺是比较符合农村现状要求的。AOBR污水处理工艺不用设专人维护，只用定期巡视，对维护人员专业技术水平要求非常低。

本工艺处理设施在平原地区一般3个月巡视1次，打扫卫生等，山区、半山区半年甚至1年巡视1次即可，无需专业人员。

该技术主要问题是，处理规模不宜过大，过大则通风孔占地引起的外观不好看。

6. 点评

采用厌氧＋好氧＋砂滤工艺，针对不同出水水质要求调整各单元运行参数，使其具有良好的工艺适应性，但是无动力好氧单元的供氧效率和处理效果应进一步确认。

案例 10　改良型生物滤池

1. 工程地点

山东省即墨市南泉镇北泉村

2. 适用范围

本工艺适用的处理规模为 50～500t/d，广泛适用于分散式村庄污水处理的各种情况。

3. 工艺流程

(1) 工艺流程示意图

工艺流程如图 2-35 所示。化粪池出水通过格栅拦截杂质后进入调节池，在调节池内匀质匀量，保证污水水质稳定，由潜水提升泵提升至缺氧池，在缺氧池内利用进水碳源，将好氧池内回流污泥中的硝酸盐反硝化，脱氮除磷，缺氧池出水自流入好氧池，好氧池内由鼓风曝气保证水中溶氧充足，保持好氧菌活性，内置改性牡蛎壳填料充当菌种载体，能够有效去除水中有机物，降低 COD、BOD、氨氮等污染物，出水自流进入二沉池，在二沉池内泥水分离，污泥下降浓缩，由潜污泵泵入好氧段，补充生物量，上清液自流达标外排。

系统排出的剩余污泥，排入污泥池，定期清运。

工艺特点：

① 利用以改性牡蛎壳为滤料的全新好氧生物处理工艺，工艺先进合理，投资小，运行费用低。

② 处理系统操作简单，维护管理方便，占地少。

③ 污泥产量少，二次污染小。

④ 利用改性牡蛎壳的钙基和微量元素作用，提高生物活性，提高 COD、氨氮、总磷的去除效率。

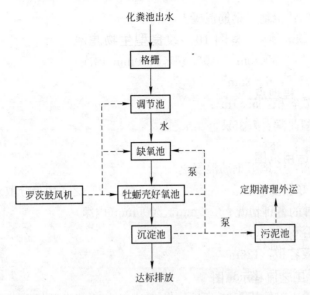

图 2-35　工艺流程示意图

⑤ 以改性牡蛎壳作为微生物的载体，富集多达 $10kg/m^3$ 的污泥浓度，因为不规则的外形及堆放形式，在牡蛎壳空隙形成多个微涡流反应室，有机质、氧气和微生物形成多个区域生物反应微环境，大大提高了微生物的降解作用和效率。

（2）各单元运行参数

1）格栅渠

尺寸：$1000mm \times 500mm \times 1900mm$（内净）

总容积：$0.95m^3$

数量：1 座

结构：全地下钢筋混凝土

2）曝气调节池

尺寸：$4500mm \times 5000mm \times 5000mm$（内净）

总容积：$112.5m^3$

有效容积：$101.25m^3$

停留时间：13.5h

数量：1 座

结构：全地下钢筋混凝土

3）缺氧池

尺寸：3500mm×3500mm×5000mm（内净）

总容积：61.25m³

有效容积：55.1m³

停留时间：7.35h

数量：1座

结构：全地下钢筋混凝土

4）好氧池

尺寸：4000mm×3500mm×5000mm（内净）

总容积：140m³

有效容积：126m³

停留时间：16.8h

数量：2座串联

结构：全地下钢筋混凝土

5）二沉池

尺寸：3500mm×3500mm×5000mm（内净）

总容积：61.25m³

有效沉淀区：22.05m³

数量：1座

结构：全地下钢筋混凝土

6）污泥池

尺寸：4500mm×2000mm×5000mm（内净）

总容积：45m³

有效容积：40.5m³

数量：1座

结构：全地下钢筋混凝土

7）设备间

尺寸：4000mm×4000mm×3800mm（内净）

数量：1座

结构：砖混

（3）设备参数

1）格栅

基本参数：

栅隙：10mm

尺寸：500mm×2000mm

材质：不锈钢焊接

数量：1套

2）调节池提升泵

基本参数：

型号：50WQ10-10-0.75

流量：10m³

扬程：10m

转速：2900

功率：0.75kW

材质：铸铁

数量：2台（1用1备）

3）调节池曝气装置

基本参数：

型号：HABQ-50

材质：φ50PVC管

数量：1套

4）缺氧池布水系统

基本参数：

型号：HABS-150

材质：PVC

数量：1套

5）缺氧池内循环泵

基本参数：

型号：50WQ10-10-0.75

流量：10m³

扬程：10m

转速：2900

功率：0.75kW

材质：铸铁

数量：1台

6）好氧池曝气机

基本参数：

型号：SSR65

曝气量：80m³/h

风压：4m

功率：3.7kW

数量：2台

7）好氧池填料

基本参数：

型号：HATL-150

平均孔径：80μm

孔隙率：40%～60%

堆积密度：0.4t/m³

比表面积：720m²/m³

数量：42m³

材质：改性牡蛎壳填料

8）二沉池导流筒

型号：HADL-150

材质：碳钢防腐

数量：1套

9）二沉池污泥回流泵

型号：50WQ10-10-0.75

流量：10m³

扬程：10m

转速：2900

功率：0.75kW

材质：铸铁

数量：1 台

10）二沉池出水装置

型号：HACS-150

材料：PVC

数量：1 套

工程的主体构筑物材质为钢筋混凝土结构，材料强度等级 C30。

验收的水质标准：

污水排放达到《城镇污水处理厂污染物排放标准》GB 18918—2002 一级 B 标准。

4. 工程概况

该项目位于即墨市南泉镇北泉村，该村现有住户 800 余（3000 余人），每天产生大量的洗衣、做饭洗菜等污水，此外还有冲洗圈舍的少量废水等。总设计规模为 150t/d，实际废水处理量 150t/d，污水经过农村污水收集管网收集至该污水处理站。污水处理站总占地面积 152m²（19m×8m），项目总投资 120 万元，其中管网及化粪池建设费 60 万元，污水处理系统 60 万元。其中污水处理工程 60 万元为青岛市建委拨发的专项建设基金，管网及化粪池建设费用由即墨市城乡建设局和村镇政府自筹。工程建设如图 2-36 所示。

5. 运行状况

污水处理系统建成以后，由该村自行配备人员运行维护，青岛海安生物环保有限公司负责对运行操作人员进行技术培训。由即墨市环保局对出水情况进行定期的检查、监督。

该污水处理系统配备 2 名兼职人员，负责白天运行。其中 1 人负责水质监测、化验，1 人负责设备操作及检修维护。项目投入运

图 2-36 工程资料图片

行至今，出水情况稳定达标排放，未出现出水不达标现象。

污水处理成本分析：

1）药剂费：$C_1 = 0$（项目无需投药）

2）人工费：$C_2 = 500$ 元/(人·月)×2 人/30/150=0.222 元/t。

注：人员为兼职巡视，费用为 500 元/(人·月)。

3）电费：该污水处理系统日运行功率 86kW，则

$C_3 = (86kW/天×0.6 元/kW)/150t/d = 0.344$ 元/t

综上，吨污水总成本 $C = C_1 + C_2 + C_3 = 0.566$ 元/t。

月运行费用为：0.566 元/t×150t×30d=2547 元/月

所有运行费用由村委工作人员向住户收取。

每户每月的平均污水处理费用为：

2547 元/800 户≈3.18 元/(月·户)

运行管理中遇到的技术问题：

① 进水中杂物较多，致使水泵等提升设备经常性堵塞，影响整个系统正常运转，造成出水水质不稳定。

② 好氧池溶解氧水平不易控制，调试期间菌种的驯化时间较长。

③ 农村每天的排水规律与工厂、企业、小区不同，具有很大的时效性和波动性，容易给系统造成的冲击较大，且一天当中水质的变化也较大，高峰时和低谷时的污染物浓度变化非常明显。

④ 设计时对季节气温和水温的考虑不够充分，冬季水温较低，容易影响处理效率。

解决方案：

① 加强预处理工艺单元的管理，缩短化粪池和格栅装置的清掏周期，加大巡视和检修力度，保证整个系统的顺畅运行。

② 调试期间加强现场监测水平。调试期间调试人员常驻现场，每隔 2h 对水质各项指标进行化验，观察污泥浓度和 SVI 等各项指标，及时调整曝气强度等措施加快调试进程。

利用牡蛎壳填料的特点，在短时间内较快的提高菌种浓度，加快调试速度。

③ 充分发挥池体的调节作用并充分发挥牡蛎壳填料的抗冲击负荷能力，提高系统的液位自动化控制水平，尽量使系统平滑、稳定的应对冲击，并保持出水达标。

④ 冬季气温和水温较低的时候，加大污泥回流泵的回流量，以提高菌种浓度，并利用改性牡蛎壳的钙基和微量元素作用，提高生物活性，提高 COD、氨氮、总磷的去除效率。

6. 点评

采用当地牡蛎壳为滤料，因地制宜、就地取材、变废为宝。
但需与当地技术经济条件相结合，解决长效运行问题。

案例 11 曝气生物滤池（BAF）

1. 工程地点

北京平谷区东洼村，厂门口村，怀柔区四渡河村

2. 适用范围

适用于重要或一般水源保护区，对污水处理标准要求较高的地区。村庄布局较为紧密，可以通过铺设污水收集管网将全村污水进行统一收集处理。处理规模从 10t/d 到 100t/d。

3. 工艺流程

流程说明：

工艺流程如图 2-37 所示。

污水收集 ——→ 沉淀池 ——→ 调节池 ——→ 缺氧池 ——→ 好氧池

——→ 曝气滤池 ——→ 贮水池 ——→ 排放或回用

图 2-37 工艺流程图

沉淀池：去除废水中的悬浮物、颗粒物及初步去除有机物，以保障后续处理系统的稳定性和安全性。

调节池：农村生活污水具有明显时段性。为保证后续处理系统正常运行，平稳运行负荷，需要对污水水量和水质进行调节，因此在进入生物处理系统前设置调节池。池内设置潜污泵，以额定流量将污水提升至后续处理构筑物。保证整个工艺流程的水力高程经一次提升后，处理的污水就可依靠重力自然排出。

缺氧池：是系统的主体部分之一，主要作用为脱氮。BAF 的硝化液回流到缺氧池中与原污水混合，在反硝化菌的作用下转化为氮气，从而达到污水脱氮的效果。

好氧池：池中装填 BF 高效填料又适量曝气，除去大部分有机物，减轻后续工艺负荷，满足 BAF 要求。池内设置潜污泵，将沉淀的污泥回流到缺氧池或调节池。

曝气滤池：为保证出水达到北京市一级 B 标准，需要深度处理去除氨氮，这里曝气滤池还可以起到硝化池的效果，相当于中试串联滤床中的第二级滤床，是整个处理系统水质保证的核心。氨氮硝化成硝酸盐氮，硝化后的出水再度回流至缺氧区，缺氧区的反硝化细菌利用原污水的有机物作碳源进行反硝化反应,使硝酸盐氮变成氮气逸走,经硝化和反硝化反应过程将总氮去除。硝化液回流量设计为 50%~200%。

蓄水池(除磷池):出水排放对总磷有要求,加聚合氯化铝去除废水中的 TP,保证出水 TP 达标。需投加量为 15~30mg/L(污水)的 PAC 进行化学除磷。池中装填 BF 高效填料又适量曝气,可以继续除去有机物和悬浮物并内设潜污泵,将沉淀的污泥和混合液回流到缺氧池。

4. 工程概况

四渡河村位于北京怀柔区九渡河镇,地处怀九河流域,属怀柔水库三级保护区。2007 年怀柔区新农村污水治理工程以管网为先,首先建成了四渡河村污水收集管网,建设内容包括支管(DN150)6310m,主管(DN200)1530m,检查井 226 座。

由于四渡河村地势原因,建成的污水管网分为 A、B、C 3 个区,每区建有独立的污水处理站,采用 BAF 工艺建设的污水处理站位于 C 区。C 区污水管网建成后,对污水量进行了实测。夏季为 25~30t/d,冬季为 20~25t/d,因此最终确定建设规模为 25t/d。

设计出水水质主要考虑回用需求,但由于西四渡河村属怀柔水库三级水源保护地,污水排放需要执行《北京市水污染物排放标准》DB11/307—2005 一级 B 标准。为兼顾二者,确定本污水处理站设计出水水质如表 2-18。现场情况如图 2-35、图 2-36 所示。

污水处理站设计进出水水质(mg/L)   表 2-18

指标	COD_{Cr}	BOD_5	SS	NH_3-N	TN	TP
进水	320	170	200	40	42	4
出水	50	15	30	5	20	0.5

工艺设计参数:

沉淀池：有效容积 5.4m³，HRT 为 5.18h。曝气滤池对 SS 浓度要求较高，沉淀池较大且分成 2 格，可便于清掏；

调节池：有效容积 8.6m³，HRT8.26h；

提升泵：$Q=1.5$m³/h，$H=2$m，$N=0.12$kW。2 台细格栅，格栅间隙 2mm，尺寸：300mm$\times300$mm$\times300$mm；

缺氧池：有效容积 3.6m³，HRT3.5h；

好氧池：有效容积 5.7m³，HRT5.5h；

填料 80m；

鼓风机：$Q=0.15$m³/min，$N=0.12$kW，1 台；

回流泵：$Q=1.5$m³/h，$H=2$m，N=0.12kW，1 台。

曝气滤池：滤床容积 5.3m³，HRT5.1h。

鼓风机：$Q=0.15$m³/min，$N=0.12$kW，1 台。

根据中试研究结果曝气生物滤池采取下进水，滤床设计参数：

1）滤床空塔滤速 0.2m/h；滤床空塔气速 0.6m/h；

2）滤料粒径为 10～12mm；滤床填料高度 1m；

3）滤床进水 SS＜67mg/L；

4）曝气量 2.66m³/h；

5）反冲洗周期≥3 个月；

曝气滤池并联分为 2 个，小水量时关掉 1 个，鼓风机只开 1 台以节省能量。对 2 个滤池和好氧池供气量的分配依靠流量计调节，水量依靠阀门调节。

贮水池：有效容积：2.1m³。

化学除磷 PAC 投加量：16mg/L（污水）

加药泵：$Q=0.08$L/h，$N=37$W

加药桶：$V=50$L

回流泵：$Q=1.5$m³/h，$H=2$m，$N=0.12$kW，2 台

出水一般用作景观湿地用水，如果最终排向怀九河，清水经过 200m 长的排水渠又可以进一步去除氮和磷，以降低怀九河富营养化的可能，如图 2-40 所示。

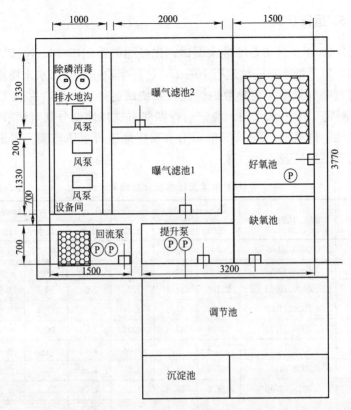

图 2-38　污水处理设施平面布置图

图 2-39　污水处理设施

图 2-40　出水排水渠

5. 运行状况

2009 年 9 月初系统进水调试，先投加菌种闷曝 2d，连续 3 个周期，然后低水量连续运行 10～15d 进行生物挂膜，出水水质稳定后进行曝气量等工艺参数的优化。系统试运行 45d 后，每隔 10～20d 测定 1 次出水水质。稳定运行期间有选择性地分别对调节池、缺氧池、好氧池、BAF 等单元出水系统地进行水质监测。进出水质监测结果见表 2-19：

BAF 示范工程水质分析结果　　　　　　　表 2-19

序号	日期	COD_{Cr}(mg/L)		TP(mg/L)		NH_3-N(mg/L)	
		进水	出水	进水	出水	进水	出水
1	2009.09.21	289.1	92.1	2.92	1.23	37.2	—
2	2009.10.09	343.2	82.3	3.11	1.07	31.7	—
3	2009.10.21	251.4	42.1	1.79	1.38	39.6	1.72
4	2009.11.08	241.2	47.1	3.46	2.48	47.5	0.61
5	2009.11.18	239.8	37.4	4.26	2.45	35.6	0.51
6	2009.11.25	333.8	46.5	3.24	1.16	40.6	0.26
7	2009.11.29	337.5	25.4	2.37	1.56	39.7	0.36
8	2009.12.10	437.6	49.4	4.38	2.75	38.1	0.27
9	2009.12.20	279.7	27.1	1.92	1.55	33	0.19
10	2009.12.30	313.4	35.4	2.11	1.35	57.1	0.2
11	2010.01.10	351.3	26.5	4.39	2.11	41.5	0.41
12	2010.01.20	441.4	65.4	4.46	2.27	50.3	0.85
13	2010.02.25	339.9	45.4	5.26	2.55	45.7	0.73
14	2010.03.10	489.1	36.5	3.74	1.89	43.3	0.47
15	2010.03.25	363.3	25.4	2.77	0.25	38	0.31
16	2010.04.06	281.5	25.1	3.38	0.44	35.7	0.23
17	2010.04.21	341.5	22.5	2.98	0.25	37.8	0.13
18	2010.05.21	297.5	45.1	4.68	1.04	32.7	1.23
19	2010.06.18	219.8	37.4	3.26	0.47	30.6	1.51
20	2010.07.19	240.2	42.9	3.16	0.48	34.5	2.61

续表

序号	日期	COD_Cr(mg/L)		TP(mg/L)		NH₃—N(mg/L)	
		进水	出水	进水	出水	进水	出水
21	2010.07.29	211.2	37.1	2.76	0.41	37.5	0.81
22	2010.08.04	181.2	27.8	3.46	0.28	35.5	1.31
23	2010.08.14	171.5	22.5	3.38	0.25	37.9	1.23
	平均值	309.0	35.8	3.59	0.39	39.2	0.7

上述水质是在每天处理水量为 17~32m³ 测定的。水计量采用系统安装在提升泵后的电磁流量计。从表 2-19 可以看出：

进水 COD 在 171~489mg/L(平均值为 309mg/L)之间，曝气滤池出水可以稳定在小于 50mg/L(平均值为 35.8mg/L)；

进水 NH₃—N 在 30~50mg/L(平均值为 39.2mg/L)之间，曝气滤池出水可以稳定在小于 1.50mg/L(平均值为 0.7mg/L)；

当2010 年 3 月 20 日以后除磷加药按 20ppm 聚铝投加量计加入出磷池中，BAF 出水总磷 TP 也达到设计要求：进水 TP 在 1.9~5.3mg/L(平均值为 3.59mg/L)之间，曝气滤池出水 TP 可以稳定小于 0.50mg/L(平均值为 0.39mg/L)。

污水处理直接运行费用主要包括人员工资费用、电费以及药剂费(暂时不考虑水资源费用、污泥抽吸费及折旧费用)。水站水量按 25m³/d，年运行按 360d 计算。

(1) 工资费用

由于本系统构筑物较简单，控制点较少，系统自动化程度较高，因此污水处理站配备 1 名兼职工人即可。工人平均工资以 500 元/(人·月)计算，则每吨水的人员工资成本为：

$$500 \times 12/(115 \times 365) = 0.143 \ 元/m^3$$

(3 个处理站点在一起，雇佣 1 个人即可)

(2) 药剂费用

除磷加药投加量按 28ppm 计，PAC 价格 1800 元/t，折合每立方米水除磷加药费用为：

$$28 \times 1800 \times 10^{-6} = 0.05 \ 元/m^3。$$

污水处理系统中消毒剂为次氯酸钠，加药量按 20ppm 计，次氯酸钠市场价 1500 元/吨，折合每立方米水消毒费用为：

$$20 \times 1500 \times 10^{-6} = 0.03 \text{ 元/m}^3 \text{。}$$

核算吨水消耗药剂成本：$0.05 + 0.03 = 0.08 \text{ 元/m}^3$。

（3）电费

每天总耗电量为 13.75kW·h，按每 kW·h 电价 0.50 元计算，则每吨水耗电成本为：$0.50 \times 13.75 \div 25 = 0.275 \text{ 元/m}^3$。

（4）设备维修费

日常维护（设备费用的 1%）

大修（设备费用的 0.5%）

维修费用合计：$105900 \times 15\% \div 365 \div 25 = 0.174 \text{ 元/m}^3$。

直接运行费用

每 m^3 污水处理成本（不含折旧）：

$$0.143 + 0.275 + 0.174 + 0.08 = 0.672 \text{ 元/m}^3 \text{，}$$

$$\text{年运行费用：} 0.662 \times 25 \times 365 = 6040 \text{ 元/a}$$

对示范工程分阶段统计，其中 6 月 1 日至 7 月 9 日出水达标排放，40d 处理原水 $1184m^3$，日均处理 $29.6m^3$，PAC 投加量平均为 28ppm，成本约 0.05 元/m^3，耗电 0.56kW·h/m^3（5 台 0.12kW 设备同时运转），按每 kW·h 电价 0.50 元计算，则每吨水耗电成本为 $0.50 \times 0.56 = 0.28 \text{ 元/m}^3$，二者之和 0.33 元/m^3，加上人工费每吨水约 0.47 元。

夏天处理水量大且水质较好，每吨水平均下来成本较低。冬季如果按日均处理 $20m^3$，处理 $1m^3$ 污水经营成本约 0.67 元（不含折旧和维修费）。

据统计，常规曝气生物滤池每日或隔日的反冲洗费用约占运行费用的 15%，剩余污泥处理费约占运行费用的 15% 以上，示范工程省去了这些运行费用，再加上低的滤速和滤床，能耗和运行成本均节省 35% 以上。

6. 点评

该工艺针对具体区域的排水要求，出水水质好，具有一定的实用性。

在水质要求较低的地区，可适当删减单元以节省投资。

2.3 自然生物处理技术

案例 12 人工湿地农村生活污水处理系统

1. 工程地点

江苏省苏州莲花村东嘴自然村

莲花村西洋自然村

莲花村下营田自然村

2. 适用范围

广泛适用于新农村建设、城市高压走廊、盐碱地、滩涂地等需要处理生活污水的地区。

3. 工艺流程

(1) 工艺流程

工艺流程如图 2-41 所示。系统主要由 5 个部分组成：

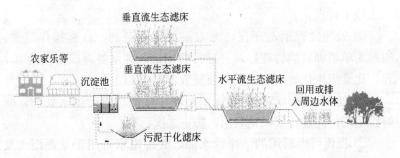

图 2-41 工艺流程图

第一部分　调节池，调节水量和水质，保证系统的长期稳定运行；

第二部分　垂直流生态滤床，这是系统的核心部分，可以去除大部分污染物；

第三部分　水平流生态滤床，进一步净化水质，使出水稳定达标；

第四部分　污泥干化滤床，对调节池污泥进行干化处理，它的渗滤液回到调节池；

第五部分　景观部分，使生活污水生态处理项目成为湿地花园。

流程说明：

① 生活污水经管网收集后，先进入调节池。生活污水在调节池内进行水量水质调节，并将污泥进行有效的沉淀处理。

② 沉淀后的生活污水由提升泵输送到垂直流生态滤床内，生活污水通过重力作用，从上至下流经垂直流生态滤床进行物理和生化处理。

③ 垂直流生态滤床出水跌水流向水平流生态滤床，经水平流生态滤床处理后排入周边的河流或再利用。

④ 生活污水经预处理设施沉淀的污泥由提升泵输送到污泥干化床内进行干化处理，渗滤液经连接管路回流到预处理设施进行处理。

技术特点：

① 处理过程生态环保，无需添加化学药剂，日常操作简单，通过简单培训就能管理好，且运行费用低，吨水处理成本仅为 0.2 元，比常规生化处理和膜反应处理节省 50% 以上；

② 处理过程中产生的污泥由污泥干化滤床进行生态处理，降解稳定的污泥进行资源化利用，防止二次污染；

③ 提供可供回用的洁净的水源，处理出水可用于景观用水及农田灌溉等；

④ 选择合适的生态品种可以美化环境，改善地面景观，丰富

农村的生态景观层次，与现有的景观交相辉映，构建生物多样性，改善局部小气候。

（2）关键技术

1）改善系统缺氧问题，强化硝化作用，提高氨氮去除效率。

主要措施包括：

① 增加通气管。同滤床底部排水管相连接，使得氧气能够通达滤床底部，通过排水管环形切孔，向滤床内部扩散，同时局部区域厌氧反应产生的沼气和硫化氢等气体能够向外界及时散逸；

② 间歇性布水和出水，可以最大限度地利用床体上层的大气复氧，同时通过布水压力造成污水流喷射，一定程度起到跌水复氧的作用，提高污水中溶解氧含量。

2）防止系统堵塞、滤床板结。

主要措施包括：

① 施工期间，杜绝任何形式的机械压实，保证滤床基质原始疏松状态的；

② 选取根系发达的水生植物作为滤床植物。其根系能够有效疏通堵塞，防止滤床板结，改善滤床内部结构，大大延长运行寿命。

3）通过运行调控，有效保护和恢复滤床生化反应器功能。

主要措施包括：

① 2块生态滤床轮流接纳污水负荷，可有效提高好氧微生物活性和基质吸附能力；在不受水期，滤床表面污泥层能够干化降解，防止系统堵塞，保证长期出水效果；

② 冬季植物不收割，枯黄枝叶自然俯倒在滤床表面，形成天然的保温层，减轻反应设施受温度下降影响。待到春季暖和季节，再进行人工清理。

4）生态化有效稳定处置初沉污泥。

干化滤床中微生物代谢产生的污泥会自然消化，不会堵塞系统，运行期间无需清理。初沉池污泥需要定期取出，输入到干化滤床处置。由于植物根系和填料的迅速过滤作用，大部分时间污泥层能保持相对干燥好氧的状态，卫生状况良好。污泥床的设置，使整个污水处理工艺工程真正安全、实现环境无害化。

（3）设计进出水质

生活污水经湿地处理后达到《城镇污水处理厂污染物排放标准》GB 18918—2002 一级 A 标准。系统设计进出水水质如表 2-20 所示。

设计进出水质 表 2-20

项目	pH	SS (mg/L)	COD_{Cr} (mg/L)	BOD_5 (mg/L)	NH_3-N (mg/L)	TN (mg/L)	TP (mg/L)
进水	6～9	200	300	200	35	50	5
出水	6～9	≤10	≤50	≤10	≤5	≤15	≤0.5

4. 工程概况

（1）工程概况

根据《城市居民生活用水量标准》GB/T 50331—2002、莲花村东嘴自然村当地实际居住人口数以及因旅游开发力度增强而带来客流量增加导致的污水增加量计算，得到如下项目设计参数：

项目日处理污水量：50t；

处理工艺：人工湿地农村生活污水处理系统；

建设面积：2000m²；

人工湿地面积：600m²。

（2）处理设施

处理设施如图 2-42 所示。

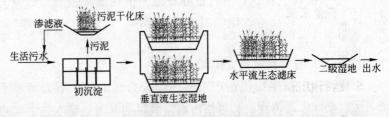

图 2-42 处理设施示意图

1）调节沉淀池：预处理污水，调节污水水量和水质的作用；良好的预沉淀处理是人工生态滤床长期运行的保证。

2）垂直流生态滤床：水力负荷为 95mm/d，COD 荷载 30g/（m² · d），SS 荷载 8g/（m² · d）。滤床依次由底部垫层、土工布、集水系统、排水层滤料、过渡层滤料、处理层滤料、布水系统、水生植物等构成。其布水方式为间歇式，泵启动间隔时间为 2h，每次运行时间约为 5～6min，每次布水水量为 5t。出口处设有集水装置和水位调节装置。

3）水平流滤床：水流从进口起在根系层中沿水平方向缓慢流动，出口处设有集水装置和水位调节装置。

4）污泥干化床：稳定处理沉淀池内产生的剩余污泥，将其转变为有机肥料，有效防止二次污染。

5）二级生态湿地：进一步净化水质，构建微生态系统，带来一定的景观效应。

现场情况如图 2-43 所示。

图 2-43　现场图片

（3）项目工期

2009 年 6 月 5 日——2009 年 7 月 25 日。

（4）项目造价

项目总造价 120 万元（含管网、农户化粪池改造和景观工程）；工程建设费用：120 万元（含管网、农户化粪池改造和景观工程）；

运行费用：约 0.2 元/（t · d）。

（5）资金来源

项目所涉及的建设费用都由苏州阳澄湖美人半岛旅游服务有限公司提供。

5. 运行状况

该运行由生态环境科技有限公司进行运行，过程生态环保，无需添加化学药剂，运行费用低，每吨水的处理成本仅为 0.2 元，运行与管理费用比常规生化处理和膜反应处理节省 50% 以上。

6. 点评

该工程与景观结合，适合对景观要求较高的农村。

该工艺以生态单元为处理主体，应长期监测验证其排水水质。

案例 13　高浓度村镇污水就地高效生态处理技术

1. 工程地点

上海崇明县新村乡幼儿园

西藏日喀则扎什伦布寺公厕高浓度粪便污水就地处理

2. 适用范围

适用地区：适用于日均气温高于 0℃ 的地区或平均日照时数较高的西藏等地区村庄、城镇生活污水的处理。

条件：①使用区域的冬季日均气温高于 0℃，或是日均日照时数超过 8h(高寒地区)；②针对每立方米污水的处理，需提供 4～6m^2 以上的用地。

3. 工艺流程

(1) 基本原理

高浓度污水就地高效生态处理是采用生态学原理处理污水的一种新型实用技术，该技术是基于日、美土壤沟槽(Soil Trench)污水处理技术的一种改进形式。该系统将污水进行腐化池厌氧处理后，投配到装载有多介质并具有良好渗透性的复合材料处理层中，藉处理层的毛细渗透作用，使污水向四周扩散，通过物理过滤、物理吸附与沉积、污水中污染组分与复合材料中有关组分的理化反应、微生物对有机物的降解以及植物对有关组分的利用等过程，使污水得到净化，见流程图 2-44。

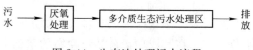

图 2-44 生态法处理污水流程

污水经该法处理后，不仅可以除去其中大量的有机物、还可以去除其中大量的氮、磷等导致湖泊、河流发生富营养化的物质，出水完全能够达到国家污水排放一级标准。

在处理系统的介质组成中，使用了聚胺酯类有机材料等材料，解决了系统堵塞问题，使系统无需经常性开挖修整；通过太阳能在污水处理系统中应用，使土壤就地处理系统适用于西藏等高寒地区的污水处理。

（2）技术特点：

① 节能：本技术可利用污水重力自流进入处理场地，在不消耗任何电能的情况下，使处理后的污水符合环保要求。

② 构建成本低：可节约昂贵的污水管网收集与输送费用，其设施成本仅相当于普通生物法污水处理厂建设费用。

③ 污泥产生量极少：主体处理设施（土壤沟槽）没有污泥产生；污泥仅为腐化池的少量沉渣，腐化池沉渣每年可做 2～3 次的打捞处理，沉渣是极好的园林绿化和农业生产上使用的有机肥料。

④ 维护方便：系统一旦建成，基本上不需专人管理，日常维护、管理工作量很小。

⑤ 设施运行稳定：设施对污水的处理效果好，运行稳定，出水能优于一级排放标准，且具有良好的脱氮除磷效能。

⑥ 设施美观、施工方便：处理设施浅埋于地下（约 0.9m），地表可种植草坪以及一些浅根系的经济作物和观赏性植物；还可作为人们的活动休息场地。

⑦ 技术实施灵活：可根据财力和污水量增加的情况分步实施，不影响处理效果。

4. 工程概况

上海崇明县新村乡办学规模为 220 多人的幼儿园(14 名教职工)的污水就地示范工程,在其成功运行 2 年左右的基础上。通过引入太阳能加热化粪池污水技术在西藏日喀则进行了无堵塞就地处理系统的进一步推广应用。该工程在扎什伦布寺 2 年多的运行中,一直连续且稳定,出水各项污染物指标均低于国家《城镇污水处理厂污染物排放标准》GB 18918—2002 限定值,系统渗透率始终保持在 50cm/d 以上,见图 2-45、图 2-46 所示。

图 2-45　崇明县新村乡小学日　　　图 2-46　崇明县新村乡小学已经启用
处理粪便污水量为 $10m^3$　　　的日处理粪便污水量为 $10m^3$ 的污水
示范工程的基本框架　　　　处理工程(现已覆土并植草,
　　　　　　　　　　　　地面上已看不到处理系统)

扎什伦布寺污水处理设施设计规模为 $20m^3/d$,占地 $200m^2$。污水先经过 3 格式化粪池处理(水力停留时间为 24h),再经过一个水力停留时间为 10~15min 的砂滤池处理,后引入多介质污水就地处理系统,处理系统尺寸为 $15m \times 12m \times 2.8m$(系统在高寒地区需要埋深以防冬天冰冻,长江以南地区仅需 0.9m 深度)。需要特别提醒的是,该系统采用了两个 360L 的太阳能热水器对化粪池进行加温处理,使化粪池水温保持在 30℃左右(安装了温控系统),太阳能热水器中使用的水采用小水泵进行循环流动,因此,热水器中的水一次加注后,只需半年一换而几乎不消耗更多清洁水源,如图 2-47 所示。

扎什伦布寺污水处理工程建设投资 23 万元(同样的规模在上海建设投资所需为 7.9 万元)。

5. 运行状况

运行管理交由日喀则科技局管理,每 3 个月清理 1 次化粪池浮渣,年付费为 2000 元人民币。实际工程中发现该污水处理工艺具有以下特点:

图 2-47　西藏日喀则扎什伦布寺建成后的污水处理场地(停车场)

① 不会发生欧美国家使用相关技术中通常发生的系统堵塞问题,系统不需要经常性地开挖修整;

② 采用该技术设计的处理工艺占地小(仅为土壤沟槽法的 2/3),节约了污水处理系统占地;

③ 2 个工程的建设由于缺少地势优势(平坦地面),出水需要用水泵提升排出,然而,由于在处理环节无需电耗,因此,工程运行过程中所消耗的仅仅是污水提升泵电耗,而每吨污水提升的电耗不超过 0.1kW·h 电(平时一般为 0.03~0.07kW·h 电),因此,每立方米污水处理的电耗成本不高于 0.06 元。

6. 点评

该工艺简单、易于操作。土地处理投资和运行费用低,维护方便,在有土地资源可利用的地区可以使用。

但应注意、采取措施防止地下水被污染。

案例 14　人工湿地与景观集成处理技术

1. 工程地点

四川省成都市温江区永盛镇尚合社区一农户。

2. 适用范围

适用于各类农村生活污水处理。可根据出水质量要求增减处理单元和投入。农村集居点、学校、村庄、多户等的生活污水分散处理以及资金短缺，但有可利用土地和适用场地条件的农村地区的污水处理。

3. 工艺流程

进水→沉淀池→厌氧池→过滤和兼氧池→人工湿地→出水

人工湿地与景观集成处理技术，是人工湿地处理技术（潜流人工湿地）与厌氧处理、兼性好氧技术等相结合的组合式生活污水处理工艺。具有地埋式、投资费用适中、管理简单、基本无运行费用、低维护、运行稳定、出水质量好，环境美观等突出优点。工程增设自调式沼气厌氧发酵罩、新型亲水弹性填料和亲水磁性组合填料；多级厌氧和生物滤池处理，大大降低污水的浓度；低浓度污水的潜流人工湿地与生态景观作为后期辅助处理技术，一方面处理效果好，同时防止了堵塞，降低了管理的难度，提高了生态景观与绿化。

4. 工程概况

采用"生物厌氧-人工湿地"组合工艺分散式处理农村生活污水，工程内增设有自调式沼气厌氧发酵罩、新型亲水弹性填料和亲水磁性组合填料，强化了处理效果。

① 沉淀池：砖混结构，设有格栅和隔油网，有效容积：$0.28m^3$，水力停留时间：13h，人均建池容积：$0.06m^3$。

② 厌氧池：砖混结构，2级串联，单体有效容积：$1.00m^3$，水力停留时间：48h，人均建池容积：$0.2m^3$。

③ 过滤和兼氧池：砖混结构，有效容积：$0.66m^3$，水力停留时间：32h，人均建池容积：$0.13m^3$。

④ 人工湿地：水平潜流人工湿地（一级人工湿地）和垂直潜流人工湿地（二级人工湿地）串联使用，占地 $1.2m^2$，水力停留时间：

23h，人均建地面积：0.24m²。人工湿地池内基质自下而上分6层，分别为：卵石，直径50～80mm，厚度10cm；小石子，直径30～50mm，厚度10cm；碎石，直径10～30mm，厚度10cm；粗砂，厚度10cm，细沙10cm；土壤25cm，不同基质间由80目PVC格网隔开，防止基质下沉滑落。垂直流人工湿地为自下而上式，底部设有布水系统。人工湿地栽种菖蒲等植物。

⑤ 工程规模可依据服务人口或污水处理量等做相应比例的调整。

⑥ 工程平面图如图2-48所示（标高相对于地面）：

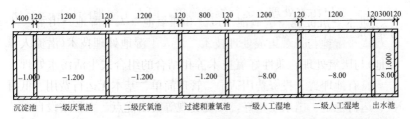

图2-48 工程平面图

图2-49为工程及主体结构实景图。工程建设1500～2000元，除定期清捞、人工湿地定期更换填料外，基本无需运行、管理、维护费用。

5. 运行状况

工程自运行以来，处理效果稳定，出水各项指标均达到

图2-49 工程及主体结构实景

《城镇污水处理厂污染物排放标准》GB 18918—2002二级以上排放标准，如表2-21所示。

进 出 水 质 情 况　　　　　　表2-21

指标	COD(mg/L)	SS(mg/L)	NH_4^+—N(mg/L)
进水水质	50～300	100～500	5～38
出水水质	20～39	1～9	4～9

6. 尚合社区农村生活污水处理工程处理效果

该系统管理维护简单，主要由农户自己负责，不需要专业人员。格栅池需定期清掏（每季度 1 次），人工湿地在秋末冬初应考虑周期性收割枯死植物和去除表面枯枝落叶，并及时补种，保证植物的处理能力。

7. 点评

适合农户污水处理，运行维护简单，但人工湿地的长期运行堵塞等问题需引起重视。

2.4　组　合　工　艺

案例 15　强化厌氧＋生态滤池＋亚表层促渗

1. 工程地点

浙江省杭州市余杭区前溪村

2. 适用范围

适用于年平均气温高于 0℃的南方地区，冬季应采取措施，防止池体结冰，影响处理效果。处理规模为单户至多户。

3. 工艺流程

图 2-50 为工艺流程图。

图 2-50　污水处理工艺流程图

化粪池/强化厌氧池　化粪池利用沉淀和厌氧微生物发酵的原理，去除粪便污水或其他生活污水中悬浮物、有机物和病原微生物。污水通过化粪池的沉淀作用可去除大部分悬浮物，通过微生物的厌氧发酵作用可降解部分有机物，池底沉积的污泥可用作有机肥。化粪池出水进入强化厌氧池，强化厌氧池内装填生物填料，便于微生物附着生长，通过水解酸化作用进一步强化厌氧处理效果。化粪池/强化厌氧池的预处理可有效防止管道堵塞，有效降低后续处理单元的有机污染负荷，保证生态处理单元的稳定运行。

生态滤池　是利用人工填料的生物膜和水生植物形成的微型生态系统来进行雨污水净化的一种水处理技术。生态滤池中，颗粒物的过滤主要由填料完成，可溶性污染物则通过生物膜和水生植物根系去除。生态滤池的生物以挺水植物为主，本质上是一个微型人工湿地系统，属于生态工程措施。根据周围环境也可进行植物组合或种植具有观赏性的水生花卉，或对构筑物作适当调整和装饰美化，使生态滤池在处理污水的同时还具有观景功能。

亚表层促渗　亚表层渗滤是一种较特别的地下渗滤技术，它重点对浅层地表进行了改造，用于污水处理。这种技术尤其适用于土层较薄的地区。亚表层渗滤技术对浅表层的土壤作了开挖，根据污水水质和出水要求，填埋了各种基质。基质中埋设有穿孔布水管，基质上方回填土。回填土上可种植牧草，但不宜种植灌木和乔木，因为这些植物的根系有较强的穿透力，会破坏地表下的基质和布水管网。亚表层渗滤技术只对表层土进行了更换或改进，适用于地质条件较差，不易作深层挖掘的地区。它的工程量相对地下渗滤技术少，费用也有所减少，在工程投入较少的情况下，也能取得较理想的效果。

4. 工程概况

前溪村位于余杭区径山镇镇区东南部 7km 处。村庄西临漕桥村，北接求是村，南靠麻车头村，东临瓶窑镇，由原前溪、袁家桥和百步村于 2003 年合并而成，合并后管辖 20 个自然村，村庄常住人口 2316，共 735 户，总面积 5.98km²。

村域内部水系较为发达，多水塘，有自东向西百步港、漕桥港从村中通过，河流经过之地芦苇丛生、水鸟出没，自然环境十分优美。前溪村是列入区委、区政府"清洁余杭"的重点推进村之一。本设计中单户式分散型污水处理系统，服务人口 3～5，日处理规模：0.5m³/d。

设计时主要考虑出水需排入漕桥溪，对脱氮除磷的要求较高，污水排放执行《污水综合排放标准》GB 8978—1996 中的一级标准，确定本套污水处理系统出水水质如表 2-22。

前溪村单户污水系统设计进出水水质(mg/L)　　表 2-22

指标	SS	COD$_{Cr}$	NH$_3$—N	TN	TP
进水	220	350	40	50	4
出水	10	60	10	20	0.5

工艺设计参数：

设格栅、调节池、生物接触氧化池及生态过滤池等建构筑物。所有构筑物均采用钢筋混凝土结构和砖混结构。

① 化粪池/强化厌氧池

总停留时间为 3.0d，其有效容积为 1.5m³，平面尺寸 1.0m×1.5m。有效深 1.0m，总深 1.3m。池顶为 0.02m 厚水泥活动盖板。内部安装生物填料，填料体积为 1.0m³。

② 生态滤池

生态滤池水力负荷为 0.35m³/m²，其有效面积为 2.0m²，平面尺寸 1.0m×2.0m。有效深 0.6m，总深 0.8m。池子中分层安装填充介质。

③ 亚表层促渗

水力负荷为 0.33m³/m²，其有效面积为 2.0m²，平面尺寸 1.0m×2.0m。总深 0.8m。池子中分层安装填充介质，如图 2-51 所示。

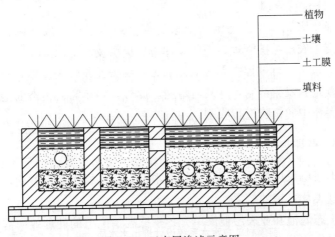

图 2-51 亚表层渗滤示意图

5. 运行状况

工程于 2010 年 6 月初建成并进行调试。强化厌氧池接种附近污水处理厂活性污泥，低水量连续运行 2 周以培养生物膜，之后逐渐加大进水流量至正常，如图 2-52 所示。系统试运行 30d 后，每隔 2 周对进出水水质取样监测，当地环保局不定期进行抽查。

图 2-52 现场施工及运行

(1) 处理效果

在正常运行期间，处理设施对 COD_{Cr}、TN、和 TP 的处理效果较为稳定，COD_{Cr} 去除率 89%，TN 去除率 90%，TP 去除率 90%。

（2）运行管理

强化厌氧＋生态滤池＋亚表层促渗组合系统建成并调试完成后，交予农户维护管理，工程设计单位提供技术支持。

本系统运行过程中无需消耗动力，维护操作较为简单，只需定期检查是否发生堵塞，并及时疏通。此外，每年需对生态滤池和亚表层促渗中的植物进行收割。

6. 点评

本案例采用的组合工艺运行成本低，运行操作简单方便，且可以实现美化环境的效果。

生态滤池和亚表层促渗单元冬季低温情况下的处理效率需要在设计时作充分考虑。

案例 16　生物滤池＋水平潜流湿地

1. 工程地点

江苏省镇江市丹徒区谷阳镇槐荫村

2. 适用范围

1）村镇生活污水就地处理与回用；

2）旅游景区酒店餐饮、沐浴废水就地处理；

3）旅游景区厕所粪便污水处理。

3. 工艺流程

处理工艺说明（工艺流程示意图如图 2-53 所示）。

污水经收集系统进入厌氧接触池，同时在其前端设置粗细格栅，拦截水中粗大的悬浮物和漂浮物，保护提升泵和后续工艺的正常运行。在集水井中设置提升泵，将污水提升进入复合生物滤池处理系统，该系统主要由滤床（池体与滤料）、布水装置和排水系统等

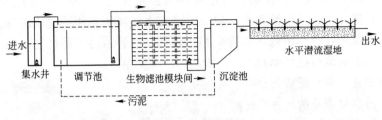

图 2-53 工艺流程图

部分组成，当污水由上而下流经长有丰富生物膜的复合滤料时，其中的污染物被微生物吸附、降解，从而使污水得以净化。复合生物滤池系统处理出水进入中间水池，沉淀去除复合生物滤池系统脱落的生物膜后经分配井分配后进入水平潜流人工湿地系统，进一步去除水中污染物。人工湿地系统可减少许多污染物，包括有机物（BOD，COD）、悬浮物、氮、磷、微量金属和病原体等。其净化机理不是依靠湿地某一子系统，如土壤或植被的单一作用，而是在人为调控的前提下，由基质-植物-微生物符合生态系统的物理、化学和生物的综合作用使污水净化。在该系统中，污水由人工湿地的一端引入，经过配水系统（一般由卵石构成）均匀进入根区基质层。基质层由特殊填料构成，表层土壤上栽种耐水植物，如芦苇等。这些植物有发达的根系，可以深入到表土以下 0.6～0.7m 的填料层中，其根系交织成网，与填料一起构成一个透水系统。同时这些根系具有输氧功能，在根的周围水中溶解氧浓度较高，适宜于好氧微生物的活动。通过附着在填料和植物地下部分（即根和根茎）上的好氧微生物的作用分解废水中的有机物，矿化后的一部分有机物（如氮和磷）可被植物利用，在缺氧区还可以发生反硝化作用而脱氮，使污水得到净化。稳定运行情况下，出水水质可达 GB 18918—2002 一级标准。人工湿地系统处理出水直接排入就近河道中。

4. 工程概况

1) 项目名称：镇江市丹徒区谷阳镇槐荫村生活污水

2) 项目概况：槐荫村污水处理共涉及住民约 128 户，约 390 人；主要是日常生活废水，厨房洗涤废水和厕所粪便冲洗废水等。所涉及的住户和市政污水管网相距较远，纳管治污不够经济有效，因此需对该村的污水进行独立收集、建设分散式污水处理系统。污水处理站处理系统总占地面积约为 40m²，日处理能力约为 50m³/d，如图 2-54 所示，工程总投资 17.5 万元（不含污水收集管网）。

图 2-54　现场图片

5. 运行状况

工程完工后，交付给甲方进行日常运行维护工作。由于本案例中组合式复合生物滤池反应器采用了特殊的组合式结构设计和复合滤料，可以根据处理水量大小灵活组装，尤其适合处理村镇小水量综合污水；生物滤池的填料采用复合滤料分层组合，借助于多种功能互补的生物间的协同作用分解污染物，不使用化学絮凝剂、无剩余污泥产生、克服了传统生物滤池易堵塞等缺点，极大地提高了反应器的处理效率和稳定性；技术的微生物以固定式生物膜的形式存在，大大提高了单位反应器体积内微生物的浓度，从而可有效地提高反应器的处理能力，并能有效增强处理系统抗击负荷冲击的能力，增加了系统的处理效率；由于采用自然供氧方式，最大限度地降低了处理能耗，（每吨生活污水的处理电耗不到 $0.1kW \cdot h$），日常运行成本十分低廉，而如果采用太阳能供电，则运行能耗更可降为零。

具有处理效果好，处理效率高［反应器处理负荷可达 $3kgCOD/(m^3 \cdot d)$］，且结构简洁、建造成本低、能耗低（仅水力提升，无其他能耗）、运行费用低（小于 0.1 元/m^3 污水）、操作管理简便和占地面积小等多重优点。设计进水水质如表 2-23 所示。

设计进水水质主要指标一览　　　　　表 2-23

项目	COD_{Cr} （mg/L）	BOD_5 （mg/L）	SS （mg/L）	NH_3-N （mg/L）	TP （mg/L）	pH
浓度范围	150～350	70～180	100～200	15～40	2～6	6～9
平均值	200	100	150	25	3	6～9

处理后出水将排放至附近水体，根据要求，参照《城镇污水处理厂污染物排放标准》GB 18918—2002 一级 B 标准。

6. 点评

各单元技术均较成熟，集成工艺处理效果好，适合对水质有较高要求的农村。

案例 17　接触氧化十生态过滤

1. 工程地点

浙江省杭州市余杭区漕桥村。

2. 适用范围

适用于全国大部分的村庄多户至村落规模的分散式污水处理，在寒冷地区，处理设施最好建在室内或地下，并采取一定的保温措施。

3. 工艺流程

流程说明：

图 2-55 为工艺流程图。

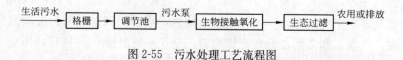

图 2-55　污水处理工艺流程图

　　农户化粪池排出的生活污水经过格栅井内格栅去除大颗粒的固体杂质后进入调节池，调节水质水量，同时在调节池内穿孔曝气管，一来可强化调节效果，二来可以防止污水中的悬浮物在调节池中沉积；另外，生物接触氧化池中剩余污泥定期回流至调节池，可消化部分回流污泥，减少污泥产生量。

　　经调节池匀质后的污水用泵提升至生物接触氧化池。生物接触氧化池内填充生物填料，污水淹没全部填料，并以一定的速度流经填料。在填料上形成含有微生物群落的生物膜，污水与生物膜充分接触，生物膜上的微生物利用氧气，在自身新陈代谢的同时，污水中的污染物得到去除，水质得到净化。生物接触氧化池属于生物膜法的一种工艺，生物膜固着在填料上，其生物固体平均停留时间（污泥龄）较长，因此在生物膜上能够生长世代时间较长、比增殖速度很小的微生物，例如硝化菌等，有利于氨氮等污染物的去除。污泥产生量少，每年只需人工清理几次。

　　生物接触氧化池出水除磷外可达一级 B 类排放标准，排入生态过滤系统。生态过滤系统的填料包括钢渣等介质，该系统通过植物吸收、微生物降解和介质吸附等共同作用实现 N、P 等污染物的深度去除，出水可进行农田灌溉或排放。

　　本设计在总体布局上，采用"生物接触氧化＋生态过滤"的处理工艺，具有施工简单、投资省的优点，具有较高的处理能力。该系统运行成本低，运行操作简单方便，且可以实现优美的景观视觉效果，非常适合农村生活污水的处理。

4. 工程概况

　　径山镇漕桥村地处半山区，西北紧靠 15 省道，全村总面积12.8km²，下辖 20 个村民小组，728 户农户，人口 2382。漕桥村地貌属平原，海拔高程在 7～8m 左右，地势比较平坦，全村境内河塘众多、水网如织，一派江南水乡特色，漕桥村四季分明、湿润温暖，气候温和多雨，分布比较均匀，全年平均温度 10～18℃，历史最高温度 40℃，最低温度零下 5～7℃，年降雨量 1500mm。

漕桥村 2004 年农村经济总收入 17369 万元，其中农业收入 813 万元，工业收入 14685 万元，服务业收入 120 万元。2007 年农民人均纯收入 11000 元，村级可分配资金 70 万元。漕桥村是径山镇通过村级行政规划调整后由小五山村、香下桥村和漕桥村合并而成的一个中心村，漕桥村旧民居点由于缺乏统一规划，新旧混杂，村内道路密度小、宽度窄，现状河道水质较差，村内的居民污水废水均未经任何处理便直接排入河流，因此，村庄整治势在必行。本污水处理工程服务人口 80，日处理规模：10m³/d。

设计时主要考虑出水需排入漕桥溪，对脱氮除磷的要求较高，污水排放执行《污水综合排放排放标准》GB 8978—1996 中一级标准，确定本套污水处理系统出水水质如表 2-24。

单户污水系统设计进出水水质(mg/L)　　　　　表 2-24

指标	SS	COD$_{Cr}$	NH$_3$—N	TN	TP
进水	220	350	40	50	4
出水	10	60	10	20	0.5

工艺设计参数：

设格栅、调节池、生物接触氧化池及生态过滤池等建构筑物，如图 2-56 所示。所有构筑物均采用钢筋混凝土结构和砖混结构。

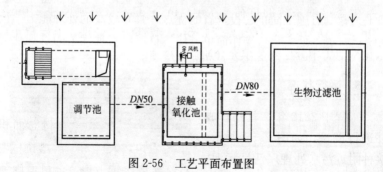

图 2-56　工艺平面布置图

① 格栅井

平面尺寸 1.0m×1.0m，有效深 0.7m，总深 1.0m。池顶采用 0.2m 厚钢混凝土结构盖板，盖板上设置直径 0.7m 的人孔 1 个。

采用 0.01m 厚的格栅板，格栅板的尺寸为 1.0m×1.0m，格栅安装倾角为 60°。栅前水深 0.7m，格栅的水头损失设计为 0.1m，过栅流速 0.6m/s。

② 调节池

调节池停留时间为 19.2h，其有效容积为 8m³，平面尺寸 2.0m×2.0m。有效深 2.0m，总深 2.5m。池顶采用 0.2m 厚钢混凝土结构盖板，盖板上设置直径 0.7m 的人孔 1 个。连成提升泵 2 台（1 备 1 用），$Q=4.5m^3/h$，$N=0.55kW$。

③ 接触氧化池

生物接触氧化池的有效停留时间 4.5h，固液分离器停留时间 1.5h，总的停留时间为 6.0h，其有效容积为 2.25m³，平面尺寸 1.5m×2.0m。有效深 1.5m，总深 2.0m。配置风机 2 台（1 用 1 备），功率为 0.5kW。接触氧化池的进水处设置格网。生物接触氧化池是由池体、填料、支架及曝气装置、进出水装置以及排泥管道等部件组成。溶解氧一般维持在 2.5～3.5mg/L 之间，气水比（15：1）～（20：1）。生物接触氧化池进水端设置导流槽，导流槽与生物接触氧化池应采用导流板分隔，导流板下缘至填料底面的距离推荐为 0.15～0.4m。出水一侧斜板与水平方向的夹角应在 50°～60°之间。

④ 生态过滤池

生态过滤系统的负荷 1.7m³/(m²·d)，总平面尺寸 2.0m×3.0m，共 0.7m 高，有效高度 0.5m，底部防水处理，上层覆土后绿化。池子中分层安装填充介质。

5. 运行状况

工程于 2010 年 9 月初建成并进行调试，如图 2-57 所示。接种附近污水处理厂活性污泥，低水量连续运行 2 周以培养生物膜，之后逐渐加大进水流量至正常。系统试运行 30d 后，

图 2-57 现场情况

每隔 2 周对进出水水质取样监测，当地环保局不定期进行抽查。

（1）处理效果

在正常运行期间，处理设施对 COD_{Cr}、NH_3—N、和 TP 的处理效果较为稳定，COD_{Cr} 去除率 89％，NH_3—N 去除率 95％，TP 去除率 90％。

（2）运行管理

接触氧化＋生态过滤组合技术安装调试完成后，交予当地村委会维护管理，工程设计单位提供技术支持。

工程维护人员每天需巡视污水处理设施，检查系统是否正常运行、是否有堵塞现象、生物接触氧化池曝气是否均匀、设备是否正常运转等，及时发现问题并迅速处理，如遇到不能解决事宜需向工程设计单位或专业人员求助。此外，定期将接触氧化池中的剩余污泥回流至调节池，每年需对生态过滤池中的植物进行收割。

6. 点评

本案例提供了一种接触氧化＋生态过滤组合工艺，具有投资费用低、出水水质好、运行维护较为简单的特点。

接触氧化与生态过滤组合系统的运行稳定性需在长期运行中进一步检验。

案例 18   分段进水一体化生物膜＋生态滤池

1. 工程地点

浙江省杭州市余杭区前溪村

2. 适用范围

适用于全国大部分的村庄单户或几户规模的分散式污水处理，特别对于山地、丘陵地区，可利用地形高差，采用跌水充氧的方式，节省机械曝气的电耗。

3. 工艺流程

流程说明：

工艺流程图如图 2-58 所示。

图 2-58　工艺流程图

化粪池：利用沉淀和厌氧微生物发酵的原理，去除粪便污水或其他生活污水中悬浮物、有机物和病原微生物。污水通过化粪池的沉淀作用可去除大部分悬浮物，通过微生物的厌氧发酵作用可降解部分有机物，池底沉积的污泥可用作有机肥。通过化粪池的预处理可有效防止管道堵塞，亦可有效降低后续处理单元的有机污染负荷。

分段进水一体化生物膜：将分段进水技术与生物膜法有机结合，采用独特的缺氧/好氧交替循环结构，各段缺氧区与好氧区内均装填球形悬浮填料，缺氧区内微生物利用进水有机碳源将上一好氧区出水中的硝酸盐氮还原成氮气，达到脱氮的效果，省去了传统 A/O 工艺中内回流操作以及电耗。而且，利用高差，即上一缺氧区出水通过跌水的方式进入下一好氧区，为好氧微生物生长提供溶解氧，相比单纯机械曝气降低了电耗。同时，生物膜法还具有抗冲击负荷能力强、无需污泥回流、不发生污泥膨胀的特点。出水悬浮物浓度低，保证后续生态处理单元的正常运行。

生态滤池：生物处理单元对污水中磷元素的去除效果有限，出水需进一步除磷处理。生态滤池利用人工填料的生物膜和水生植物形成微型生态系统来进行污水净化。生态滤池中，颗粒物的过滤主要由填料完成，可溶性污染物则通过生物膜和水生植物根系去除。生态滤池的生物以挺水植物为主，本质上是一个微型人工湿地系统，属于生态工程措施。根据周围环境也可进行植物组合或种植具有观赏性的水生花卉，或对构筑物作适当调整和装饰美化，使生态滤池在处理污水的同时还具有观景功能。植物成长后可维持系统的自我运行，管理和维护的工作量很少。

4. 工程概况

前溪村位于余杭区径山镇镇区东南部 7km 处。村庄西临漕桥村，北接求是村，南靠麻车头村，东临瓶窑镇，由原前溪、袁家桥和百步村于 2003 年合并而成，合并后管辖 20 个自然村，村庄常住人口 2316，共 735 户，总面积 $5.98km^2$。

村域内部水系较为发达，多水塘，有自东向西百步港、漕桥港从村中通过，河流经过之地芦苇丛生，水鸟出没，自然环境十分优美。前溪村是列入区委、区政府"清洁余杭"重点推进村之一。本设计中单户式分散型污水处理系统，服务人口 5～10 人，日处理规模：$1.0m^3/d$。

工艺设计参数：

化粪池：有效容积 $2.0m^3$，HRT 为 2.0d。沉淀池分成 2 格，内设瓣帘式填料，强化厌氧处理效果，去除大颗粒固体悬浮物和寄生虫卵等，保障后续单元的正常运行。

分段进水一体化生物膜：一体化设备，内部为 2 段缺氧/好氧交替式分段进水结构，装填球形生物填料。进水通过分水器按比例同时进入 2 个缺氧室；两好氧室上部各有一个三级迂回式跌水充氧设备，跌水高度 30cm，缺氧区出水通过跌水的方式进入下一好氧区。总有效容积 $1.2m^3$，总 HRT：24h。如图 2-59 所示。

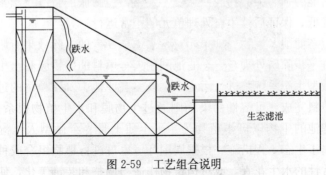

图 2-59 工艺组合说明

生态滤池：半径 2m 的 1/4 圆，有效深度 0.6m，有效容积 $1.8m^3$，总 HRT：43h。

5. 运行状况

工程于 2010 年 6 月初建成并进行调试，如图 2-60 所示。接种

图 2-60　现场施工情况

附近污水处理厂活性污泥，低水量连续运行 2 周以培养生物膜，之后逐渐加大进水流量至正常。系统试运行 30d 后，每隔 2 周对进出水水质取样监测，当地环保局不定期进行抽查。

(1) 处理效果

在正常运行期间，处理设施对 COD_{Cr}、$NH_3—N$、和 TP 的处理效果较为稳定，COD_{Cr} 去除率 89%，$NH_3—N$ 去除率 92%，TP 去除率 90%。

(2) 运行管理

分段进水一体化生物膜＋生态滤池组合技术安装调试完成后，交予农户或当地村委会维护管理，设备提供单位提供技术支持。

本系统运行过程中无需消耗动力，维护操作较为简单，只需定期检查是否发生堵塞，并及时疏通，如果发生设备损坏，则找相关人员维修。此外，每年需对生态滤池中的植物进行收割。

6. 点评

具有投资费用低、施工简单、安装便捷等特点，系统运行维护较为简单、稳定性好。

跌水充氧对地形高差有一定要求，无高差地区应采用机械曝气为好氧生物处理单元供氧。

第三章 集中型污水处理站

案例 19 生物接触氧化＋水生植物塘组合工艺

1. 工程地点

辽宁省抚顺市后安镇

2. 适用范围

适用于小型镇级污水处理。

3. 工艺流程

后安镇污水处理厂采用的是生物接触氧化池＋水生植物塘的组合处理工艺。该工艺是采用生物改性竹炭为填料的生化污水处理技术，四格生化池串联设置，出水 COD_{Cr} 值可下降到 60mg/L，去除率达 78.6%，BOD_5 值可降到 18mg/L，去除率达到 89.28%，总氮去除率可达到 60%～70%；之后经过污水稳定塘-水生植物塘的生态处理，利用浮水植物、挺水植物等的根系作用和生物膜对污水产生的过滤、沉淀、吸附等物理作用，在水生植物的生长、多种微生物在厌氧、兼氧、好氧等复杂状态下进一步降解污染物，使污水的各项污染物指标进一步降低，使污水的最终处理指标在大伙房水库入库控制断面处可达到要求的目标值。

后安镇污水处理厂的工艺流程如图 3-1 所示。

4. 工程概况

后安镇污水处理厂选址于抚顺县后安镇建成区西北郊，紧靠同安河。服务人口 1.8 万，污水来自后安镇居民生活废水及餐饮业排放

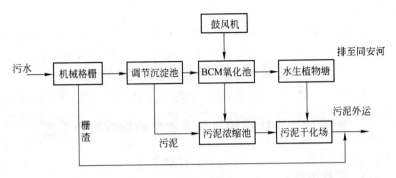

图 3-1　污水处理站工艺流程

污水，设计处理量 1000m³/d，污水处理厂占地 0.9ha，建筑面积 223.6m²，工程总投资 1252.19 万元，争取上级扶持补贴 300 万元，镇政府自筹 402.19 万元，贷款 550 万元。管网采用雨污合流制。现场情况如图 3-2 至图 3-4 所示。

图 3-2　接触氧化池

图 3-3　在建湿地工程

图 3-4　污泥干化池

5. 运行情况

（1）运行管理

后安镇污水处理厂由抚顺县环境保护局负责管理，环保公司负责运营。

后安镇污水处理厂共有员工 7 名，其中厂长 1 名，运行员工 6 名，同时公司总部配备有运营管理人员 7 名、维修中心 5 名、化验中心 5 人负责对后安污水处理厂的运行进行维护及管理。

2011 年上半年后安镇污水处理厂共处理污水量 15.6 万 t，进水平均 COD_{Cr} 97.17mg/L、平均氨氮 14.62mg/L，出水平均 COD_{Cr} 21.53mg/L，平均氨氮 3.19mg/L。后安镇污水处理厂的运营成本为 0.56 元/t，其运行和维护资金由抚顺县环保局承担。

（2）管理经验及主要问题

后安镇污水处理厂由环保公司负责运行管理，并制定了严格的制度：

1）工艺控制通则：

① 工艺技术负责人全面负责本厂日常工艺运行的调控工作；

② 工艺负责人根据当天工艺的整体运行状况，以指令单的形式下达工艺指令；

③ 各班组长在接到指令单后，安排本班人员严格按相应的指令进行调整；

④ 运行操作人员必须熟悉各个处理单元的指标、参数与正常运行的现状，遇到工艺异常状况应及时向工艺技术负责人汇报；

⑤ 水质分析人员必须严格按照规定进行相应的日常检测工作，并且有责任和义务对异常状况分析原因，并提出调整建议。

2）运行管理通则：

① 运行、管理人员，必须熟悉本厂处理工艺流程、设备的运行要求及有关技术指标；

② 操作人员必须熟悉掌握本岗位处理工艺要求，本岗位的职责及本岗位设施、设备的运行要求和有关的技术指标；

③ 运行操作人员必须熟悉本岗位的设备操作规程及了解相关岗位的基本操作方法；

④ 岗位操作人员在进行巡回检查时，一定要按时、按点、按内容进行，并且做好必要的巡回检查记录；

⑤ 各岗位操作人员应按时做好有关工艺设备运行运转记录，确保记录数据准确无误、字迹工整；

⑥ 操作人员在巡回检查中发现工艺异常或设备故障要及时采取措施处理，并且做好记录或上报生产运行部解决；

⑦ 操作人员在交班时要认真交接，严格执行交接班规定；

⑧ 对各种设备进行定期检查、维护要确保各种机械设备清洁、完好。

3）安全操作通则：

① 全体员工要进行技术培训和生产实践，经生产运行部组织考试合格后方可上岗；

② 设备运行必须执行设备操作规程；

③ 操作人员在启闭电器开关时，应按操作规程进行，设备维修时，必须断电，并且在有关部位处悬挂警示牌；在雨、雪天，操作人员在巡回检查及操作时，要注意防滑并及时清扫；

④ 在进行设备清洁工作中，严禁用水冲洗电器设备及润滑部位；严禁设备运行中擦洗运转部位；

⑤ 设置的消防器材，必须使设置地点与设置图相符合，消防器材必须全员会使用，消防器材不可挪作他用或损坏，要进行定期检查或更换；

⑥ 各岗位操作人员上岗时必须佩戴齐全劳保用品，做好防范措施。

4）维护保养通则：

① 责任人和运行操作人员应熟悉设备操作规范及有关维护保养规定；

② 设备维修必须有专人负责，维修人员应熟悉维修规定；

③ 各种管道及构筑物上的闸门、阀门要定期检查，并做启闭实验；

④ 定期检查清扫电器控制箱（柜），并且测试各种技术性能及

接地情况；

⑤ 各种机械设备要按设计要求或制造厂家的要求安排好大、中、小修计划，并严格执行；

⑥ 各种工艺管道要定期检查及维护，并按规定涂颜色及标记；

⑦ 任何水处理设施不得丢入杂物或其他废弃材料；

⑧ 在维修设备时搭接临时电源必须符合用电规定；

⑨ 所有操作人员必须接受上岗前培训，合格后方可上岗；

⑩ 上岗操作人员应详细阅读厂家提供的所有设备的中、英文技术资料。

5）岗位交接班制度：

① 值班记录的交接，其中包括值班记录表、设备运行记录、设备保养记录、各构筑物工艺运行记录、工艺调度命令及工作计划安排、领药、用药等相关记录表，对于缺少必要记录的情况，交接双方在查明原因的前提下，被接班组方可离岗；

② 接班人员要提前 30min 到岗，协同值班人员对现场进行巡视、核实，接班后发生的问题由接班班组负责；

③ 准备离岗的班组要在下班以前，对所负责区域进行清理，保证下个班组有干净的工作环境；对于工作当中所使用的工具，要在下班以前交还库管人员，不得随意保存。有特殊情况时，要向库管人员说明；

④ 若接班人员无故缺岗，待接班组要及时向负责领导反映情况，在替班人员未到之前，不得缺岗；

⑤ 在岗人员若遇到紧急情况需要离岗时，要及时电话告知负责领导，不得随意脱岗；

⑥ 当发生对生产有破坏性的大事故时，交接班双方要共同努力排除故障，解决问题之后，被接班组方可离岗。

6）设备的定期维护、检测

定期维护（属阶段性工作），由维修人员负责，每年进行 1 次专业性的检查、清扫、维修、测试。电气设备（包括电力电缆）预防性试验可 2 年进行 1 次，继电保护装置的校验应每年进行 1 次，接地装置和测接地电阻值的检查应每年春季进行，避雷器应每年进行检查和试验。

7) 设备的大修

为了保证污水处理厂设备及设施能够长期稳定运行，除了保证日常维修外，必须建立有计划、有针对性的设备大修维护计划。其内容应涵盖主要设备、设施的分部检修计划。污水处理厂的年度大修计划必须在每年年初工作计划中列出，污水处理厂运行主管负责设备年度大修计划的时间周期和具体项目制定、维护保养用物资和零备件计划的提出，经集团运营管理部批准后进行物资审购和各项准备工作。维修人员和外协单位维修人员完成设备的年度大修，设备管理部门监督执行。

6. 点评

该工艺适合村庄集中型污水处理站，运行费用较高。应该加强日常运行管理，优化控制，以适合农村污水处理技术经济特征。生态系统的长效运行也是需要考虑的问题。